INTRODUCTION

ÉLÈMENTAIRE

A LA BOTANIQUE.

Lyon. — Imp. Dumoulin et Ronet, rue Centrale, 20.

INTRODUCTION

ÉLÉMENTAIRE

A LA BOTANIQUE,

Par N. C. SERINGE,

Professeur de botanique à la Faculté des sciences de Lyon,
Directeur du Jardin botanique
et Membre de plusieurs Sociétés savantes.

LYON.

IMPRIMERIE DUMOULIN ET RONÉT, LIBRAIRES,
Rue Centrale, 20 (allée de l'homme d'Osier).
Chez l'Auteur et les principaux Libraires.

1851.

Les aperçus, très-généraux que je donne ici, ne sont qu'un tirage à part de l'Introduction qui précède ma **Flore du Pharmacien, du Droguiste et de l'Herboriste.** Ils seront utiles aux élèves des Ecoles primaires, aux Maisons d'éducation, et surtout aux Ecoles d'Agriculture et d'Horticulture, qui ne peuvent plus se passer d'un ouvrage très élé-mentaire sur la botanique.

INTRODUCTION ÉLÉMENTAIRE

A LA BOTANIQUE.

Les plantes sont beaucoup plus simples dans leurs tissus primitifs et dans leurs organes composés que les animaux. Comme eux, elles présentent de petits organes que l'on pourrait nommer microscopiques, mais que l'on désigne ordinairement sous la dénomination de **simples** ou **élémentaires**, ce sont les **utricules** et les **fibrilles**, celles ci par leur réunion forment les **fibres**.

Les **utricules** (petites outres) sont considérées comme le tissu le plus simple, celui qui se retrouve dans tous les organes composés des plantes. Ce sont de petites vessies, sans ouvertures connues, qui sont placées les unes à côté des autres pour former l'étendue en longueur et en largeur, et les unes sur les autres, ce qui forme l'épaisseur.

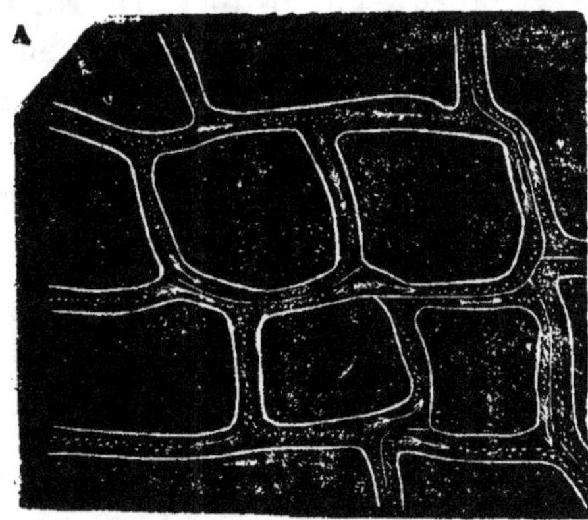

Il est des plantes dont toutes les parties sont constituées par ces utricules seules ; ce sont elles que nous rangeons dans la grande série de. UTRICULÉS (A et B)(*cellulaires*), *Champignons*, *Mousses*, *Algues*, *Lichens*. Chacune de ces utricules

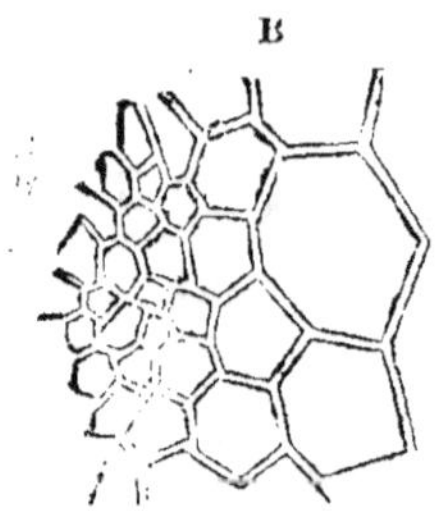

a une vie propre, mais chacune d'elles concourt en même temps à la vie commune du végétal. On a aussi nommé les plantes qui sont ainsi constituées *vésiculaires*, ainsi que les tissus qui en sont uniquement constitués (moëlle des végétaux).

Ces très-petits organes, à parois extrêmement minces, aissent cependant entre eux de petits vides que l'on nomme INTERVALLES OU MÉATS INTER-UTRICULAIRES. C'est en grande partie par ces très-petits intervalles et à travers les parois des utricules que passe la sève destinée à nourrir la plante. (Tous les grossissements des figures sont considérables.)

Outre ces organes primaires, on rencontre souvent d'autres petits corps vésiculaires allongés que l'on nomme des FIBRILLES (c) (*vaisseaux*). Plusieurs d'entre elles, réunies au moyen d'utricules très-fines, forment des filaments plus gros et plus résistants, que l'on nomme FIBRES ou vaisseaux. Cette dernière dénomination, offre le grave inconvénient de faire croire que ces organes sont comparables à ceux des animaux; qu'ils ont une cavité qui s'embranche successivement, tandis que ce ne sont que des utricules très-allongées qui sont comme les utricules ordinaires (lesquelles affectent aussi de nombreuses formes), sans issue connue. Ces fibrilles et ces fibres n'existent seules nulle part, et les plantes qui en présentent sont nommées FIBRO-UTRICULÉS (*vasculaires des botanistes*) (c).

Ces deux formes d'organes primitifs ou microscopiques

composent toutes les parties des plantes, de telle nature, consistance et apparence qu'elles puissent paraître. Voyons actuellement quels sont les organes composés.

GRAINE (Semence, *Semen.*)

La graine est le commencement de la plante. Elle a été comparée à l'œuf des animaux, mais elle en diffère essentiellement par la présence des organes de la végétation, déjà existants à la maturité du fruit. Cette graine n'était pas isolée dans le fruit, elle y tenait, et elle en recevait la nourriture au moyen d'un fil conducteur qu'on a nommé FUNICULE, qu'on a encore comparé à tort au cordon ombilical des animaux pilifères.

A son extérieur se présente une peau plus ou moins épaisse qui est le **derme** ; celui-ci la limite et renferme l'**embryon** végétal, quelquefois accompagné d'un organe nutritif accessoire, qu'on nomme ALBUMEN. Cet appareil organique de reproduction est enfermé dans un sac constitué plus ou moins visiblement par trois membranes.

L'extérieure se nomme **exoderme** (*derme externe* ou *teste*). Elle est percée à deux points plus ou moins écartés l'un de l'autre, et plus ou moins visibles. Le plus grand est le **hile** (*cicatricule, ombilic*) où venaient aboutir les organes nutritifs. Ce hile traverse perpendiculairement les **trois** membranes du derme, mais d'autrefois cet organe nourricier parcourt le mésoderme pour traverser l'endoderme à un tout autre point, ailleurs que vis-à-vis le hile externe (*Violacées*). Il transmet le liquide nutritif à l'embryon. L'autre cicatrice beaucoup plus petite est le **micropile** (*petite porte*), c'est par celui-ci que s'introduit à la fleuraison le liquide vivifiant. Il s'efface souvent ; mais dans la graine du haricot ils sont visibles tous deux à la maturité. Ils se trouvaient d'abord très-rapprochés, puisque le même **cordon funiculaire** (*ombilical*) renfer-

ma les deux organes et confondus en apparence, **condui-**
saient le liquide vivifiant et le liquide nutritif. Ce ꜰᴜɴɪᴄᴜʟᴇ
est composé le plus souvent d'utricules seules. Cette première peau du derme, quelque dure qu'elle paraisse parfois, est toujours perméable à l'eau (lors de la germination)
tandis qu'elle ne paraît pas pouvoir s'introduire par les
deux orifices qui n'ont fonctionné que pendant la fleuraison et la fructification.

Sous cette première membrane du derme est le **mésoderme**, très-visible dans les grosses graines de la
Courge. Les utricules dont elle est formée sont généralement assez grandes, comparativement à celles de la pellicule extérieure ou exoderme.

Enfin, la troisième membrane, souvent moins consis-
tante que les autres, touche l'ᴇᴍʙʀʏᴏɴ ou quelquefois
l'ᴀʟʙᴜᴍᴇɴ (*périsperme* des botanistes), c'est l'ᴇɴᴅᴏᴅᴇʀᴍᴇ.

L'embryon ou végétal rudimentaire, présente ordinairement une petite racine, visible à la maturité de la
graine (que les botanistes désignent sous le nom de
radicule), un peu au-dessus, et continue avec la base de
cette racine, est la tige qui est si courte alors que rarement
on l'aperçoit à cette époque. Elle porte le ou les **cotyles**
(*cotylédons*) qui sont réellement les premières feuilles
de la plante, mais qui d'ailleurs leur ressemblent très-peu
le plus souvent. Cet embryon affecte parfois une ligne
droite et alors on le nomme ᴅʀᴏɪᴛ (*Soleil*), d'autres fois il
est plus ou moins fléchi et mérite la dénomination **de
embryon courbe** (*Haricot*).

Racine courbé sur deux des bords des cotyles.

Au lieu de ne trouver que l'embryon dans le sac ou derme de la graine, on y aperçoit parfois un autre corps utriculé féculant, charnu ou huileux c'est l'albumen, qui tantôt enveloppe l'embryon *(Ricin)* et d'autrefois en est enveloppé NYCTAGINACÉES (ou *belles de nuit*). Quelquefois l'embryon sans albumen, ou en étant accompagné, a sa racine dirigée vers le hile et d'autres fois c'est le sommet des Cotyles qui s'y trouve.

Il est donc très-important d'examiner les graines surtout fraîches et à la loupe, pour se rendre bien compte des diverses modifications que nous avons signalées, et qui sont l'un des points importants dans les caractères des familles.

La graine dans son état d'inertie apparente reste souvent pendant plus ou moins longtemps dans cette vie latente, elle n'attend pour se développer que l'action simultanée de l'eau, de l'oxygène (de l'air), et du calorique. Si l'un de ces puissants agents de la vie manque la **germination** ne peut s'opérer, et encore faut-il à la plupart d'entr'elles certaines proportions de ces substances. Si la graine a été desséché lentement, elle a toujours conservé assez d'eau latente ; en s'humectant, tous ses organes constitutifs se ramolissent, ils ont repris leur tension vitale. Mais pour se conserver, la graine a fixé une certaine proportion de carbone dont il faut qu'elle se débarrasse. L'oxygène de l'air se combine avec ce carbone, une combustion lente a lieu, la chaleur s'entretient, et pendant toute cette période il y a formation d'acide carbonique, l'embryon augmente de volume, il ne peut plus être contenu dans le derme, qui se rompt, et la racine apparaît. L'électricité paraît aussi remplir un rôle important dans la germination, car M. BECKENSTEINER a fait germer d'anciennes graines électrisées, tandis que les mêmes non électrisées n'ont pas germé.

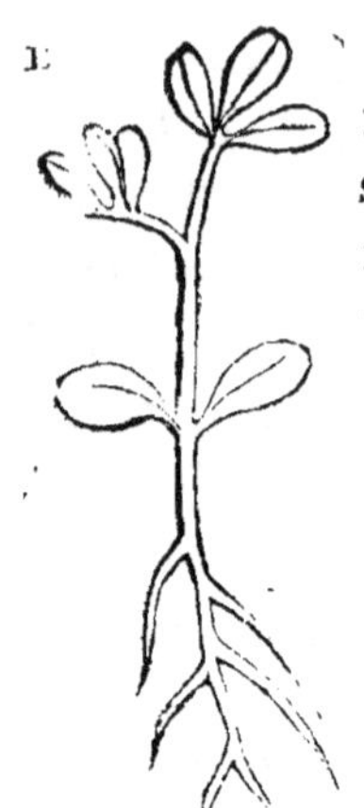

Cette **Racine** s'allonge perpendiculairement en bas, toujours et essentiellement par ses extrémités inférieures, présente des ramifications plus ou moins nombreuses et de volume très-différent. Ces ramifications offrent continuellement de nouvelles utricules perméables à l'eau, l'activité vitale de la jeune plante augmente.

La **Tige** au contraire croît en sens inverse, elle entraîne souvent hors de terre les cotyles (ou premières feuilles de la plante). Elle s'allonge sans cesse pendant sa première année d'existence et, si la plante est un arbre, elle reste stationnaire en longueur. Les feuilles se développent successivement de la base du jet de l'année vers son sommet. A l'aisselle de chacune d'elles se trouvent, si ce sont des plantes ligneuses, autant de bourgeons, qui sont les branches rudimentaires de l'année suivante ; si, au contraire, la plante est herbacée, cette tige se ramifie plus ou moins pendant cette première année, elle fleurit, fructifie et meurt à la fin de l'automne ; si elle est vivace, sa racine et sa portion souterraine persistent plusieurs années et toutes les parties aériennes meurent. Des bourgeons se forment sous terre dès l'automne et produisent au printemps des rameaux qui, après avoir fructifié, ou s'ils sont stériles périssent aussi. La plante continue ainsi son existence jusqu'à sa mort.

RACINE (Radix).

Mais revenons à la Racine. Nous avons vu qu'elle est l'organe ordinairement souterrain , qu'elle tient à la base de la tige, qu'elle croît de haut en bas, et que l'angle formé par ses ramifications est toujours en haut, qu'elle s'allonge continuellement par ses extrémités libres. Elle ne verdit pas à l'air, et si elle existe plusieurs années, elle s'accroît à la manière des tiges des Dicotylés que nous étudierons plus tard. Les utricules qui les terminent, se formant sans cesse, sont continuellement perméables, étant d'abord d'une délicatesse extrême et pour ainsi dire aqueuses. Alors elles s'insinuent entre les moindres molécules terreuses et les plus étroites fissures des rochers. Avec l'âge les racines acquèrent des fibrilles qui s'insinuent entre leurs utricules, leur volume augmente aussi, par l'accumulation des substances solides, introduites en dissolution par l'eau, dont nous verrons qu'une très-grande quantité s'évapore par les feuilles. C'est par leurs dernières extrémités, toujours jeunes et hygroscopique, à cause de leur renouvellement incessant, qu'elles absorbent les plus grandes proportions des substances nutritives dont la plante a besoin.

On nomme **collet** le point de jonction entre la base de la tige et celle de la racine. Ce point n'est souvent très-manifeste que pendant les premiers jours du développement de la jeune plante ; plus tard il est le plus souvent impossible de désigner la place qu'il occupait. La seconde partie de la racine est ce que l'on nomme le *corps*, qui souvent lui-même se divise et forme ses *ramifications*. Peu après la germination de la *graine*, la jeune racine est couverte d'un fin duvet, très-délicat, que l'on nomme *chevelu*, qui joue un rôle important dans l'absorption.

Toutes les racines ne naissent pas de l'embryon, il s'en développe aussi souvent sur les parties aériennes de la plante. On en voit apparaître fréquemment sur les tiges et leurs ramifications, on les nomme *surnuméraires* (adventives); celles-ci jouent un grand rôle dans le bouturage.

Les racines absorbent essentiellement par leurs dernières extrémités les liquides qui les entourent, sans pouvoir faire un choix. C'est ordinairement de l'eau qui con-

14

tient en dissolution des gaz , des matières salines , des débris organiques décomposés. Les corps pulvérulents ne peuvent y pénétrer, à peine quelques matières colorantes dans une division extrême. Si le liquide qui les entoure est trop épais, l'absorption ne peut plus avoir lieu , la plante lauguit et meurt. (Les jardiniers disent alors que la plante a été *brûlée*.) Elle peut aussi dans ce cas avoir été empoisonnée par des substances qui leur sont nuisibles. Mais les racines ne paraissent pas seulement destinées à l'absorption , elles exsudent aussi, probablement pendant la nuit , des liquides qui déposés dans le sol, sont plus ou moins favorables aux plantes qu'on y placera immédiatement. On sait que les *Papilionacées (Légumineuses)*, tels que *Pois, Fèves, Trèfles, Luzerne. Lupin*, etc., déposent dans la terre une matière favorable aux *Graminacées (Graminées)*; on sait que les *Papavéracées* laissent dans la terre un suc nuisible aux plantes qui leur succèdent immédiatement. Cette terre n'est point épuisée, d'autres végétaux peuvent y vivre, mais elle est imprégnée de substances nuisibles qui, après quelques années, ont disparu par les lavages et la putréfaction.

On confond souvent les tiges souterraines avec les racines, ainsi ce qu'on nomme racine de *Chiendent*, de *Fougère mâle*, de *Réglisse*, la *Pomme de terre*, le *Topinambour*, sont de véritables tiges ou rameaux souterraines ; ces mêmes plantes ont leurs vraies racines. Les *Oignons*, les *Jacinthes*, sont des bourgeons souterrains vivaces et nullement des racines. Ces plantes ont leur tige très-courte , c'est elle qui porte d'un côté les feuilles, ou plus tard leur débris , leur base persistante, et de l'autre les véritables racines qui naissent annuellement de l'élargissement de la tige qu'on nomme *plateau*.

Les racines ne sont pas toujours susceptibles de fournir de bons aliments ou de bons médicaments. Dans les plantes annuelles ou bisannuelles, il faut les prendre au moment où la plante n'a que des feuilles qui sortent de terre, et qu'on nomme faussement *feuilles radicales*, car les feuilles ne naissent jamais sur les racines, avant que la tige extérieure n'ait commencé à se montrer (ce que l'on désigne communément sous la dénomination de *monter*) Jusqu'à cette époque elle a accumulé des principes nutritifs, les utricules sont tendres, peu de fibres s'y sont encore développés. Plus tard 'la tige se montre, les boutons, les fleurs, les fruits se succèdent, la racine alors est dénuée de tous ses principes nutritifs et médicamenteux, ils ont concouru au rapide développement du végétal, elle est réduite à des fibres nombreuses et épuisées, et ses utricules sont sèches et affaissées. Ainsi les racines médicinales doivent être récoltées soit avant que la plante développe sa tige (dans les plantes annuelles ou bisannuelles), soit au printemps pour les plantes vivaces, lorsqu'elles commencent à montrer leurs feuilles (*Guimauve, Chicorée sauvage, Persil, etc.*).

PRINCIPALES DÉNOMINATIONS DE LA RACINE

Relativement à sa durée elle est dite ANNUELLE, qui vit un an et le plus souvent beaucoup moins (*Epinard, Cerfeuil, Radis*, (à Lyon *petite rave*). — BISANNUELLE, existant deux ans ; pendant la première, germination et foliation sans tige apparente, et les feuilles alors sont dites en rosette (*Carotte, Betterave, Panais*); la deuxième année la tige et les rameaux s'allongent, la plante fleurit, fructifie et meurt, — VIVACE, qui vit un nombre d'année indéfini, en perdant chaque année ses parties aériennes, tandis que la petite portion souterraine de la tige persiste, donne naissance à des bourgeons surnuméraires (*adventifs*), qui se développent en rameaux portant des feuilles et souvent des fruits, puis meurent à l'approche de l'hiver (*Oseille*).

Direction des racines. — PIVOTANTE, descendant perpendiculairement et ordinairement non ramifiée (*Guimauve, Scorzonère, Persil*). — HORIZONTALE, s'étalant en terre (*Mûrier*).

Forme. — FUSIFORME ou en *fuseau* (*Radis long*). — NAPIFORME, en forme de rave (*Rave, Radis rond*). — TUBÉREUSE, inégalement renflée (*Orchis, Filipendule*).

Consistance. — CHARNUE, comme la rave, la carotte, etc. — LIGNEUSE, comme celles des arbres ou arbustes.

Configuration. — SIMPLE, peu ou point ramifiée (*Scorzonère, Carotte*). — RAMIFIÉE, comme la plupart des plantes ligneuses et vivales. — FIBREUSES, rameuses dès la base et formées de divisions plus ou moins nombreuses. — RONGÉE, comme tronquée à l'extrémité qui ne tient point à la tige (*épervière rongée*). — FASCICULÉE, disposées en petits faisceaux (*Ficaire*).

Origine. — EMBRYONAIRE, celle qui naît par la germination de la graine. — SURNUMÉRAIRE ou adventive, celle qui n'est pas due à la germination, mais qui se développe naturellement ou artificiellement sur la tige ou les rameaux (rarement sur les feuilles).

TIGE DES DICOTYLÉS.

La **Tige** (Caulis), est la partie de la plante qui part de sa jonction avec la base de la racine, du point que l'on nomme Collet. Elle porte les feuilles, dont l'aisselle donne naissance aux rameaux, directement si la plante est herbacée, et au moyen des bourgeons si elle est ligneuse. Ces bourgeons, que nous étudierons plus tard, produisent des rameaux à feuilles ou ceux à fleurs. La tige d'un arbre s'allonge continuellement dans l'air pendant 7 ou 8 mois de végétation de la première année; cet allongement et ses rameaux l'année suivante, se forment au moyen des bourgeons terminaux et des latéraux. — La tige ou axe central existe toujours, mais elle est quelquefois si courte, que l'on a cru qu'elle manquait dans la *Dent de lion*, la *Paquerette*, et ces plantes ont alors été dites (mais à tort) sans tige (ou *acaules*). — D'autres fois elle est étendu dans la terre et prise parfois pour des racines (nos *Fougères européennes*, nos *Iris*). Dans les plantes vivaces, on nomme aussi improprement tige des ramifications aériennes qui ne durent qu'une année Quant aux vrais tiges ligneuses qui s'élèvent dans l'air , elles ont depuis quelques centimètres jusqu'à 70 mètres d'élévation ; la plupart se ramifient dès leur base (tous nos arbres dicotylés), et si nous voyons leur tronc (ou axe central) nu,. ce n'est qu'à force de les tailler que nous ne les laissons s'embrancher qu'à une certaine hauteur (2 à 3 mètres). Si nous voyons des tiges sans branches dans nos forêts, cette privation de branche n'est due qu'à l'étiolement et la mort des jeunes ramifications. Avant d'étudier les diverses divisions de la tige et de ses ramifications , voyons qu'elle est son organisation. Nous avons déjà entrevu que nous pourrions puiser dans les organes élémentaires des plantes, des moyens de classification. (**Végétaux utriculés** et **V. fibro-utriculés**); voyons si actuellement nous pourrons tirer de nouveaux caractères de la disposition des fibres et des utricules.

Nous avons déjà entrevu que le nombre des *cotyles* (ou cotylédons) pourra nous servir à diviser les plantes en DICOTYLÉS et en MONOCOTYLÉS, voyons actuellement si d'autres modifications organiques importantes , ne pourront pas nous faire distinguer ces végétaux cotylés , sans être obligé de recourir à la germination.

L'arrangement fibreux des dicotylés ligneux (des arbres), quoique plus compliqué , étant mieux connu que celui des Monocotylés , commençons par les Dicotylés. Quatre appareils assez distincts d'organes les constituent :

l'ÉCORCE, le BOIS, la MOELLE, et ses PROLONGEMENTS (ou Rayons médullaires).

L'Écorce est bien distincte du bois dans cette grande série de végétaux, elle recouvre leur axe central et toutes ses ramifications. La première année de l'existence du végétal, elle est toujours herbacée et ordinairement verte, elle est isolée de l'air par une très-mince couche d'utricules fraîches et vivantes, que l'on nomme Cuticule. Au-dessous se trouvent plusieurs couches d'utricules vertes, d'une grande activité vitale d'abord, c'est pour ainsi dire la moëlle de l'écorce. Plus intérieurement sont de nombreuses fibres longitudinales superposées, que l'on nomme le *liber* ou lames ligneuses de l'écorce ; les lenticelles , que l'on trouve très-souvent sur l'écorce, doivent leur développement aux utricules qui la forment ; elles sont d'abord d'une forme déterminée , mais la tige ou la branche en grossissant leur en impriment une toute autre (*Bouleau, Cerisier*).

La seconde année de l'existence de l'arbre futur, l'écorce reçoit une nouvelle couche d'écorce à sa face interne. Elle présente les mêmes organes que la première, excepté la cuticule, dont elle n'a pas besoin pour isoler ces organes plus intérieurs , puisqu'elle est protégée par cette première, celle-ci en éprouve déjà une certaine distention ; ces deux couches se confondent tellement, qu'il est extrêmement difficile de les distinguer. L'accroissement de l'écorce continue ainsi chaque année. En admettant que le jeune tronc n'ait la première année que 40 centimètres de longueur et qu'il en acquère 20 en sus l'année suivante, les 40 centimètres d'écorce auront à la fin de la deuxième années deux couches, tandis que les 20 autres centimètres qui sont au-dessus n'auront qu'une couche corticale.

Tant que l'écorce conserve son extensibilité , elle reste lisse, mais à mesure que le nombre de couches augmente , on observe d'abord des gerçures , qui bientôt deviennent successivement plus profondes. Arrivées à un certain âge, les couches les plus anciennes perdent leur vitalité et on peut les entamer sans inconvénient. Dans cet état, elles ne servent plus qu'à protéger les parties intérieures contre les accidents nombreux auxquels la base des tiges surtout est exposée. Depuis longtemps elles ont perdu la cuticule qui les enveloppait primitivement, et elle a été protégée par des couches d'utricules qui se sont desséchées.

Les couches utriculeuses de l'écorce, surtout quand les fibres sont peu nombreuses, se boursoufflent quelquefois tellement, qu'elles semblent à elles seules constituer une écorce molle et élastique, c'est ce qu'on observe dans l'*Erable champêtre* (*Acer campestre*) et surtout dans le *Chêne liège* (*Quercus suber*).

A la longue, ces écorces sont tellement détériorées, que celles qui sont employées en médecine ne doivent pas être récoltés trop âgées, car les lavages abondants qu'elles ont éprouvé, leur ont enlevé les principes solubles qu'elles contenaient d'abord, il est donc convenable de faire choix de celles qui n'ont au plus que 6 à 8 ans d'existence.

BOIS ET SA MŒLLE.

On nomme **Bois** la partie fibreuse et utriculaire placée sous l'écorce. Il se distingue surtout de celle-ci en ce que son tissu utriculaire ou moëlle occupe le centre du cylindre. Prenons comme pour l'écorce le jeune arbre à sa première année. Nous avons vu que cet arbre est herbacé. Si nous déchirons son écorce, nous apercevons au-dessous un tissu moins faibles, c'est là le bois ; il est formé de fibres plus ou moins parallèles, unies les unes aux autres par des utricules, dont le volume est variable. Au centre de ce cône allongé nous trouvons un cylindre d'utricules, vertes et humides d'abord, mais qui perd par la suite cette apparence de vie, en devenant chaque année plus sèches et plus blanches; c'est la moëlle. Ces deux appareils d'or-ganes constitutifs de la tige (l'écorce et le bois), se déta-chent facilement lorsque la sève les humecte, c'est entre ces deux corps que vont s'organiser (l'année suivante) la nouvelle couche d'écorce, à la face interne de la première, et la seconde couche de bois à la face externe de la pre-mière couche ligneuse. La seconde couche de bois a abso-lument la même texture que la première qu'elle enveloppe complettement, mais au-dessus de cette couche de bois de la première année, s'observera la seule couche ligneuse de la nouvelle, conséquemment si nous coupons en long cette jeune tige de deux ans, nous trouvons deux cônes très-allongés, emboîtés l'un dans l'autre, mais celui de la pre-mière année est plus court. — On concevra facilement, d'après cela, que les deux premiers cônes ligneux, ainsi que ceux qui naîtront par la suite, n'auront pas leurs couches fibreuses appliquée immédiatement l'une contre l'autre, la couche ligneuse de la première année sera sé-parée de la seconde par un espèce d'étui utriculeux qui constitue la moëlle de la seconde couche ligneuse, d'ail-leurs les deux couches d'écorce doivent nécessairement s'être distendues.

Cela une fois compris, et sachant bien que chaque couche de bois a sa propre moëlle, on concevra facilement comment les couches intérieures (plus anciennes) des vieux Saules et des vieux Châtaigniers (surtout ceux sou-mis à des tailles fréquentes) peuvent se pourrir, tandis que les extérieures, encore vivantes, produisent une très-vigoureuse végétation. La taille des arbres leur est d'au-tant plus nuisible, qu'elle est pratiquée sur des espèces à bois plus mol, que les entailles sont plus grandes et plus nombreuses; de là, l'importance de donner à l'arbre dans sa jeunesse, la disposition de branches que l'on veut qu'il conserve et de continuer la taille sur les jeunes branches qui se cicatrisent facilement, tandis que si on lui enlève plus tard de grosses branches , on l'expose à se pourrir. Les couches ligneuses des DICOTYLÉS s'observent d'autant plus facilement, qu'ils ont leur bois très-mou (*Saules*), elles se confondent d'autant plus que les bois sont plus durs (*Bois de fer, Gayac*).

Les couches ligneuses sont d'autant plus épaisses qu'on les examine dans les bois blancs ou mous (*Saule, Peuplier, Orme, Cèdre*), alors elles ont quelquefois jusqu'à 15 millimètres d'épaisseur et dans ce cas l'arbre a grossi (dans son bois seulement) d'environ 3 centimètres d'épaisseur. On doit d'ailleurs concevoir que toutes les années n'étant pas également favorables à la végétation , les couches ligneuses ne peuvent présenter la même épaisseur, l'élaboration de la sève s'étant moins bien opérée. Une cause de l'inégalité de la même zône, dans toute la circonférence de l'arbre, est due au nombre et à la position des branches et des racines auxquelles elle correspond plus particulièrement, la portion de la circonférence où ces deux organes sont moins nombreux est toujours la moins épaisse ; de là, lorsqu'on fait des plantations, la nécessité de rejeter les arbres dont les racines et les branches ou bien les unes ou les autres sont toutes d'un seul côté , et de faire choix de ceux dont les racines principales sont en rapport de position et de force avec les principales branches ; si malgré ces précautions on a des arbres dont le tronc n'est pas circulaire , cela viendra de ce que les racines d'un côté trouveront des couches terreuses plus dures ou moins favorables à la végétation, tandis que celles du côté opposé, puisant une nourriture abondante dans de bonne terre, prendront un grand accroissement. On sait aussi que des arbres non fixés à des tuteurs ou à des murs, se développent bien mieux que ceux qui y sont attachés, il est donc nécessaire d'enlever les liens aux arbres isolés aussitôt qu'ils sont assez forts pour résister au vent.

D'après tout ce qui vient d'être dit, on se rendra facilement compte de ce qui arrive à un clou à moitié enfoncé dans un arbre. Chaque année il semble s'y enfoncer, mais en réalité, chaque nouvelle couche annuelle de bois et d'écorce vient l'envelopper et bientôt le couvre entièrement.

On comprend aussi qu'en coupant un arbre près de la terre, on pourra compter le nombre d'années qu'il a, par celui des couches ligneuses.

PROLONGEMENTS MÉDULLAIRES
(ou Rayons médullaires).

On nomme ainsi des lignes rayonnantes d'utricules très-serrées qui commencent à la moëlle de la première couche de l'arbre, ou autrement dit la plus centrale, jusqu'à la couche la plus extérieure de l'écorce. Ils paraissent servir à établir une communication entre toutes les zones de l'arbre, ils sont surtout bien distincts dans les coupes longitudinales du *Chêne*, du *Hêtre*, etc., c'est sur ces lignes, qui se dessèchent facilement, que se fendent la plupart des troncs à leur dessication.

En résumé, la tige des **Dicotylés**, d'abord herbacée, se compose d'une gaîne conique d'écorce, enfermant un cylindre un peu conique de bois. Cette écorce est formée d'une couche utriculeuse et d'une autre plus intérieure qui est fibreuse ; le long cylindre conique ligneux au contraire présente sa couche utriculeuse au centre du cylindre ligneux. Cette disposition se perpétue par les nouvelles formations de chaque année dans les plantes ligneuses, ces nouvelles couches sont toujours plus longues que les précédentes et emboîtent les couches ligneuses des années précédentes. Toutes les ramifications présentent les mêmes dispositions que les tiges. Enfin les couches ligneuses et corticales sont en communication directe par les rayons ou prolongements médullaires. (Voir pour completter cet article le mot Bourgeon.)

TIGE DES MONOCOTYLÉS.

Les **Monocotylés** peuvent se reconnaître facilement (sans avoir recours à l'embryon) à leurs feuilles, ordinairement engaînante et à leurs fibres parallèles, mais ce qui les distingue surtout c'est l'abondance, la grosseur, et l'irrégularité de distribution de leurs utricules. On dit aussi qu'elles n'ont pas d'écorce. Il est vrai qu'elle est peut-être infiniment réduite dans les plantes herbacées et inséparable des parties sous-jaçantes et dans les végétaux ligneux (*Palmier*, *Yucca*), qu'elle est encore peu distincte et surtout longtemps recouverte par les débris des bases des feuilles, qui persistent très-longtemps. Cette espèce d'écorce ne paraît pas se former (comme dans les Dicotylés) de couches concentriques. Les fibres de la tige n'affectent pas non plus de superpositions annuelles par emboîtement, conséquemment leur fibres ne forment point de zônes concentriques. Elles sont rassemblées particulièrement vers la circonférence et beaucoup moins rapprochées vers le centre, d'ailleurs leur disposition précise est bien moins connue que celles des Dicotylés, malgré toutes les recherches des botanistes. D'abord on avait cru que les fibres partaient du centre de l'arbre pour se porter à la circonférence afin de concourir à former les feuilles ; cette idée est abandonnée : ainsi les mots de *Endogènes* et d'*Exogènes* sont-ils devenus sans applications en botanique (1).

---

(1) Ils s'appliquent au contraire d'une manière bien caractéristique aux animaux dont les os ou les parties crustacées se forment bien diffé-

Après de nombreuses dissections du *Palmier nain* et des *Yucca*, M. Heyland a probablement saisi mieux que personne l'organisation de ces végétaux pour ainsi dire exceptionnels, puisqu'ils so t les moins nombreux des groupes tranchés des végétaux ligneux. Le fibres des **Monocotylés arborescents** ont une longueur presque déterminée, elles forment, dit cet observateur, de gauche à droite (et peut-être quelquefois de droite à gauche), des portions de spires ascendentes. Elles partent de la circonférence du tronc et vont se terminer à la base des feuilles placées au-dessus. A ce dernier point elles sont rapprochées, et chacune d'elle à son sommet produit d'une part une fibre nouvelle, qui s'élève en portion de spire et du point de départ de cette fibre assez longue, part une appendice fibreuse de longueur variable, mais qui descend dans le tissu utriculeux, dont sont remplis les larges intervalles que les fibres laissent entre elles. Cette appendice ressemble assez bien à une petite racine et pourrait bien, relativement à cette fibre, en remplir la fonction. Ces séries de fibres ascendentes sont peu éloignées les unes des autres, elles se reproduisent les unes au-dessus des autres à de courts intervalles.

---

remment, d'après la position toute différente de leur périoste (membrane dans laquelle se forme l'os). Ainsi cet organe est placé en dehors des os dans les animaux dits vertébrés, et comme c'est dans son tissu que s'organise la couche osseuse, ces animaux peuvent se nommer *animaux exogènes*. Tous les autres au contraire, dont les coquilles, les croûtes sont les véritables représentants des os, et ont la membrane dans laquelle s'organise la matière osseuse, intérieure, sont des *endogènes*. Dans les Mollusques la coquille s'organise toujours en dedans, car la nouvelle couche formée dépasse toujours la précédente. Dans les Crustacées, les Coléoptères, la couche plus ou moins solide qui les revêt est pour moi leurs os ; ceux-ci, plus ou moins crustacés se rompent après la formation intérieure de la nouvelle.

L'accroissement des Monocotylés paraît donc devoir être considéré comme une addition bout à bout d'un certain nombre de nouvelles fibres, qui naissent chaque année de celles de l'année précédente, sans se prolonger dans toute l'étendue du tronc. Ainsi pourrait s'expliquer l'uniformité de volume des tiges de la plupart des *Palmiers*, des *Yucca*; les renflements fusiformes s'expliqueraient peut-être aussi par une formation de peu de fibres au commencement du printemps, d'un plus grand nombre dans le fort de la végétation, et du développement d'un moins grand nombre à la fin de l'été. En appliquant cette théorie aux tiges des GRAMINACÉES et des CYPÉRACÉES, M. Heyland pense que les fibres ascendentes qu'il a décrites, au lieu de se contourner dans leur ascension, s'avancent parallèlement et ne s'entre-croisent qu'à certains intervalles pour former les cloisons transversales qui bouchent leur canal de distance en distance et donnent alors naissance par leur concours à la feuille, dans laquelle elles continuent à se porter parallèlement.

DIVERS ÉTATS DES TIGES
et de leurs ramifications.

Relativement à leur **durée**, la tige est ANNUELLE, ne vivant qu'une année ou plutôt 4–7 mois (*Laitue, Épinard*). BISANNUELLE, qui naît au commencement du printemps et meurt dans le courant de l'année suivante (*Chou, Carotte, Betterave*).

Texture. — FIBREUSE, formée de fibres plus ou moins serrées (*Arbres. Chanvre*). — CHARNUE, d'un tissu en grande partie utriculeux (*Opontiacées, Pourpier*). — SUCCULENTE, tendre et s'écrasant facilement (*Balsamine, Capucine*). — PLEINE, sans cavité au centre (*Chou*). — FISTULEUSE, creuse au centre (*Orge*, la plupart des *Fro-*

ments). — Spongieuse, lacuneuse ou séchement utriculeuse (*Joncs*). — Herbacée, de la consistance des *Graminacées* en général (*Froment, Avoine*). — Sousligneuse, de consistance assez ferme, et presque de la nature du bois (*Douce-amère*). — Ligneuse, de la consistance du bois dans les arbres, à dater de leur seconde année (*Lilas, Orme*).

Forme. — Cylindrique (*Lilas*). — En plateau, très-courte et en forme de palet épais (*Cyclamen* ou *Pain de pourceau*, et surtout *Liliacées*). — Ovoïde, en forme d'œuf (quelques *Cierges*). — Turbinée ou en toupie, mince dans le bas et s'évasant graduellement en poire (quelques *Gentianacées*). — Triangulaire, présentant trois angles et trois faces prolongées (*Papyrus*). — Quadrangulaire, à 4 angles et 4 faces prolongées (*Sauges* et *Labiacées* en général). D'ailleurs les angles peuvent être aigus ou obtus. — Canelée, présentant longitudinalement des lignes creuses et d'autres saillantes (*Carotte*). Si ces lignes sont rapprochées et peu profondes, on se sert du mot Strié. — Comprimée, ou présentant deux faces et deux angles opposés (*Paturin comprimé*). — Ailée, bordée de lames foliacées plus ou moins marquées (*Scrofulaire aquatique*). — Renflée, présentant de distance en distance des renflements (*Polygone d'Orient*). — Articulée, se rompant facilement à divers points de la longueur (*Saponaire, Prêles*). — Sarmenteuse, allongée, flexible et noueuse de distance en distance, surtout aux points de naissance de la ou des feuilles (*Vigne, Œillet*).

Direction. — Droite, sans flexuosité (*Lin, Chanvre*). — Flexueuse, présentant diverses courbures (*Aconit Tue-Loup*). — Dressée, dirigée perpendiculairement (*Soleil, Chanvre*). Ne doit pas se confondre avec le mot droit (la même tige pouvant être flexueuse et dressée, et droite mais non dressée). — Redressée, d'abord oblique ou horizontale, puis se dirigeant ensuite verticalement (*Persi-*

caire: Guimauve). = Couchée, étendue sur la terre (*Lierre terrestre*). — Souterraine, placée sous terre, c'est ce que les botanistes nomment *Rhizome* (mot réellement inutile). Dans une plante vivace (*Oseille*, *Ulmaire*), je nomme tige la partie souterraine de la plante, abstraction faite des racines, tandis que les parties aériennes qui portent les feuilles et les fleurs, ne sont que de véritables rameaux annuels. — Rampante (ou *Stolonifère*), étendue sur terre en produisant à des points déterminés ou vaguement des racines (*Fraisiers*, *Violette odorante*). — Spiralée ou en vrille, ou tire-bouchon, s'entortillant en spirale (de droite à gauche ou l'opposé) autour des corps voisins (beaucoup de *Liserons* et de *Haricots*. Beaucoup d'autres organes filiformes peuvent en outre prendre cette direction (pédicelles stériles des *Passifloracées*, des *Vignes*). — Grimpantes, s'appuyant sur les plantes sans s'y enrouler d'une manière régulière (*Clématite des haies*).

Ramification. — Simple, ou ne se ramifiant ordinairement pas (*Orobanchacées*). — Rameuse, produisant plus ou moins de branches (1) (*Lilas*, *Arbres dicotylés*). Les branches sont Étalées, s'écartant presque horizontalement (*Pommier*). — Ascendantes, dirigées plus ou moins obliquement en haut (*Poiriers*, quelques *Cerisiers*). = Pendantes, se dirigeant, comme par faiblesse, vers la terre (*Saule de Babylone* (ou *Pleureur*). — Fasciculées, manifestement rapprochées les unes des autres (*Peuplier pyramidal* (ou d'*Italie*), *Chêne pyramidal*).

Surface. — Lenticellée, garnie de lenticelles (de formes très-variées) (*Bouleau*, *Cerisier*, etc.). — Cicatrisée, présentant par place des cicatrices marquées, dues à la chute des feuilles (*Peupliers*).—Lisse, ne présentant pas

---

(1) Nous verrons bientôt ce qui les produit.

d'inégalités marquées (*Graminacées*). — Rugueuse, offrant des inégalités nombreuses soit à l'œil, soit au toucher. — Verruqueuse, couverte de nombreuses et petites élévations (*Fusain verruqueux*). — Aiguillonée, portant des aiguillons (beaucoup de *Rosiers*). — Glanduleuse, portant des glandes sessiles ou pédicellées (des *Rosiers*). — Voir d'ailleurs l'article Feuille, pour completter l'état des surfaces.

D'ailleurs les tiges et leurs ramifications sont pour nous, pour les animaux, pour l'industrie d'une grande importance. Voir aux divers articles descriptifs de familles, de genres, d'espèces. Je ne décris pas non plus ici les divers modes de multiplication des végétaux par les racines, les tiges et leurs ramifications. Sans entrer dans de grands détails sur les procédés de multiplication, j'en présenterai un aperçu plus tard.

FEUILLE.

Le premier organe qui apparaît sur la tige ou sur ses ramifications, c'est la feuille. Elle est l'un des plus importants pour la vie de la plante, pour l'atmosphère, pour les engrais, conséquemment pour la plante future, et même pour les animaux, en leur fournissant l'oxygène qui leur est indispensable.

On nomme feuille, cet organe ordinairement vert, le plus souvent mince et aplati, qui naît sur les parties latérale de la tige et de ses rameaux. Elle s'allonge particulièrement du côté de sa base. Cette feuille présente le plus souvent un pétiole (queue de la feuille), qui parfois est accompagné à sa base de petites lames foliacées qu'on nomme *stipules* (*Violette Pensée*, *Viola-tricolor*), mais sa partie la plus apparente est la lame qui présente ordinairement une face supérieure, exposée aux rayons lumineux et une face inférieure qui doit toujours être dans l'ombre, c'est celle-ci qui présente presque toujours do petites ouvertures microscopiques que l'on nomme STOMATE: (*Pores*).

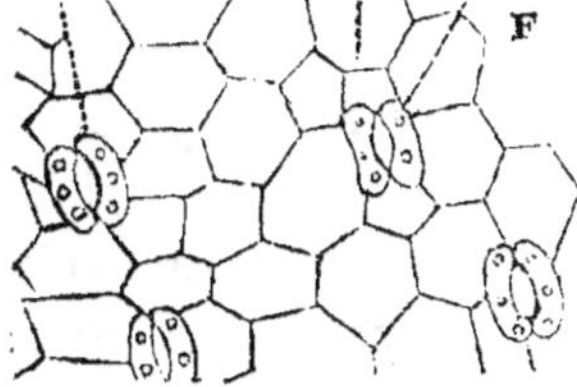

F C'est par ces petits et souvent très-nombreux organes (F), que se déga_gent l'eau en excès dans la plante et quelques gaz, surtout l'oxygène pendant le jour. Comme les pores des animaux, ils remplissent parfois deux fonctions, celle d'évaporer et celle d'absorber. — Si l'on tourne une feuille de manière à exposer sa face inférieure à la lumière, elle reprend bientôt sa position naturelle en se tordant sur le pétiole. Ce renversement de la lame s'opère plus vite dans les feuilles à tissu délicat que dans celle des arbres, mais si on la fixe, elle se fane et périt bientôt ; ainsi dans le *Saule de Babylone* (S. pleureur), les rameaux sont descendants, conséquemment les feuilles, pour n'avoir point leur face infére en haut, sont obligées de faire un demi-tour sur elles-mêmes Les feuilles, comme toutes les parties du végétal exposées directement à l'air, sont recouvertes de leur *cuticule*, mais beaucoup de plantes aquatiques en sont privées, aussi se dessèchent-elles très-promptement à l'air. Dans ces espèces, les stomates occupent souvent leur face supérieure (*Nymphéacées*). — La lame de la feuille est le plus souvent divisée en deux parties souvent égales, par un faisceaux de fibres (ou nervures) que l'on nomme *dorsale* ou *médiane* (*Lilas, Poirier*). Ces deux moitiés portent le nom de *lamelles*. Les fibres du pétiole en s'engageant dans le bord (rarement dans la face inférieure (*Capucine*), s'écartent de diverses manières et caractérisent souvent des familles entières. Ces ramifications s'évanouissent brusquement, d'autres fois elles se divisent à l'infini et forme un réseau à mailles, souvent importantes pour distinguer des genres, des espèces. Les fibres des feuilles sont ordinairement en relief sur leur face inférieure, tandis qu'elles sont enfoncées en-dessus (*Grande Ciguë*). C'est le cas de la plupart d'entre elles, mais d'autres fois elles saillent aussi sur la face supérieure (*Petite Ciguë, Persil*). Les intervalles que laissent ces ramifications fibreuses sont comblés par les utricules, disposées par couches plus ou moins nombreuses. Comme elles sont d'une texture faible, elle se putréfient facilement et soit par la macération artificielle, soit souvent au printemps on trouve des feuilles d'un tissu ferme, réduites à leurs fibres, qui sont pour ainsi dire le squelette de la feuille. Ces organes sont d'une grande importance pour la vie de la plante, ils servent souvent très-utilement pour reconnaître les espèces, mais avant de décrire leurs nombreuses modifications, étudions leurs fonctions.

NUTRITION DES PLANTES.

Nous connaissons les racines et les tiges, nous avons étudié le développement de ces organes, nous avons pris une connaissance générale des feuilles, nous entrerons bientôt dans plus de détails sur toute leur manière d'être, mais d'abord exposons l'ensemble de la nutrition dans les végétaux. Pour mieux la comprendre, jetons un coup-d'œil rapide sur les milieux dans lesquels elles vivent.

On nomme milieu l'ensemble de divers agents de la nature qui ont de l'action sur les plantes et que celles-ci modifient.

Le **milieu atmosphérique** présente un ensemble très-important de phénomènes qui se lient nécessairement avec les végétaux. Au lieu de considérer l'air comme un corps simple, ce que l'on croyait avant les connaissances chimiques modernes, nous savons qu'il est constitué par *un mélange* de deux gaz indispensables aux êtres organisés. Il est formé d'environ quatre cinquièmes d'azote, et d'un cinquième d'oxygène, et comme ces gaz ne sont qu'à l'état de mélange, ils peuvent agir séparément sur les êtres organisés avec lesquels ils ont de l'affinité, sans avoir besoin préalablement d'être décomposés. On n'ignore plus que l'oxygène est indispensable pour la respiration des animaux surtout, mais l'effet de l'azote n'est pas encore bien connu, relativement à son action sur les animaux. L'oxygène oxyde les métaux, et le sang qu'il rougit en lui donnant une grande activité vitale. On sait aussi qu'il est indispensable à la combustion. L'azote semblerait être mélangé à l'oxygène pour en modérer l'action puissante. On n'ignore pas non plus, que l'oxygène combiné avec le carbone, développe le p'us souvent de la chaleur, et qu'ils forment toujours l'acide carbonique, gaz (composé) indispensable à la vie végétale. Ce milieu atmosphérique présente en outre quelques traces d'acide carbonique, très-rarement de l'ammoniaque, et une quantité plus ou moins grande de vapeur d'eau. Ce milieu est encore traversé par trois corps d'une prodigieuse subtilité, la lumière, le calorique et l'électricité. Tous sont indispensables à l'existence des corps organisés.

Le **milieu aqueux** est constitué par l'eau seule et des corps qu'elle tient en dissolution. Elle est composée de deux gaz, combinés l'un avec l'autre, mais que la plante a probablement la faculté de séparer. C'est dans l'un de ces gaz qu'elle prend les produits hydrogénés qu'elle renferme parfois en grande quantité et qu'elle trouve probablement en outre une partie de l'oxygène dont elle a besoin. Cette eau présente trois états qui ont chacun une action particulière sur les végétaux. Privée de calorique, on sait qu'elle devient glace, neige, givre. Avec de certaines proportions de calorique elle est liquide, dans cet état, elle est absolument indispensable à tous les êtres organisés. Avec une certaine addition de chaleur, cette eau se volatilise en vésicules aqueuses remplies d'air, et possède aussi

dans cet état parfois invisible de vapeur, une action différente. Ces vésicules aqueuses qui sont remplies d'air, une
fois refroidies, perdent de leur légèreté, se réunissent en
gouttes et forment la pluie, qui souvent ravive la végétation languissante, la neige, et souvent de la manière
la plus désastreuse, la grêle. L'eau est pour ainsi dire
plus indispensable au végétal qu'à l'animal, car c'est
elle qui doit introduire dans les plantes les matières solides qu'on y retrouve soit dans leur décomposition, soit par
la combustion.

Le troisième milieu est le **terrestre**. Il n'est pas moins
indispensable à la plante que les deux autres. Ce milieu
n'est dû primitivement qu'à la décomposition, au frottement, au brisement des rochers de natures diverses ré-
duits à une pulvérulence plus ou moins complette, ils forment la terre cultivable. Mais cette terre est loin d'être
semblable partout. On nomme **terrain siliceux** ou
sablonneux, celui qui se présente ordinairement en grains
rudes au toucher, l'eau ne le mouille qu'à sa surface, les
acides n'ont point d'action sur lui, et mouillé il ne présente
aucune cohérence dans ses molécules. Celui-ci laisse facilement passer l'eau, il s'échauffe facilement aux rayons so
laires et conséquemment se dessèche très-vite. Il est le
moins propre de tous à la végétation.

Le deuxième est le **terrain argileux**, ses parties
constituantes sont d'une finesse extrême, il se pénètre
d'humidité qu'il perd difficilement, offre une grande adhérence moléculaire et constitue ce que l'on nomme *terre
grasse, terre à brique, terre à poterie*. Par la dessication
elle prend une grande dureté, se crevasse, mais elle a le
grand avantage de conserver l'eau longtemps et une grande
difficulté à se pénétrer d'eau. Cette espèce de terre est favorable aux contrées méridionales ; elle est plastique,
ordinairement coloré en roux par un oxyde de fer, rarement grise et ne fait point d'effervescence avec les acides.

Le terrain calcaire est facile à reconnaître par l'action des acides, elle bouillonne aussitôt. C'est un composé de chaux vive d''acide carbonique et d'un peu d'eau, ou autrement dit, c'est du carbonate de chaux hydraté, dont on chasse l'eau et l'acide carbonique par la calcination. Il ne reste plus que l'oxyde de calcium ou chaux vive. Il n'est soluble à l'eau que dans de petites proportions. Ce terrain s'humecte et il est assez propre à la végétation.

Ces diverses substances terreuses (ou roches pulvérulentes) ne sont jamais pures ou isolées dans la nature : les cours d'eau, la pluie, les vents les mélangent sans cesse et l'une ou l'autre domine presque toujours. Le volume des molécules composantes, leur nature, leur couleur, influent beaucoup aussi sur l'avantage d'un terrain. Pour être favorables, il faut qu'ils soient perméables à l'eau, à l'air, à la chaleur, et chacun d'eux possède des qualités bien différentes. Tous jouissent de la propriété de se dissoudre, mais à des degrés extrêmement différents. Outre leur nature propre, leur coloration influe aussi beaucoup sur leur fertilité. Si ce mélange terreux est dans des quantités favorables et que des débris de végétaux viennent s'y mêler en de certaines proportions, ils sont aptes à nourrir les végétaux. L'eau est donc indispensable pour porter dans les plantes toutes ces matières inorganiques, qui une fois introduites ne peuvent plus en sortir. Mais cette eau, qui les contenait, s'y trouve alors en trop grande abondance, il faut qu'une grande partie s'en évapore.

Dans les animaux au contraire, des aliments très-substantiels n'ont pas besoin, pour s'introduire, d'être dissous dans l'eau. Aussi l'évaporation est-elle moins grande (en proportion).

On nomme sève l'eau contenant en dissolution les divers principes que nous avons indiqués. Elle s'introduit surtout, comme nous l'avons dit, par les racines, mais encore par les parties vertes, qui sont aussi susceptibles

de l'absorber. Ce liquide mouille les utricules et les fibrilles perméables par endosmose (1). Ce liquide en parcourant les tissus de la plante change de nature, elle acquert
bientôt une certaine viscosité, et elle redescend en grande
partie vers les racines qu'elle nourrit (2).

Mais il ne suffit pas que l'eau et les matières inorganiques décomposées qu'elle contient, ainsi que les gaz, surtout l'acide carbonique, soient introduits, il faut encore
que la chaleur, l'électricité, la lumière agissent plus ou
moins simultanément, pour que les phénomènes de la vie
s'accomplissent. La chaleur facilite l'évaporation de l'eau
par les parties vertes et augmente l'absorption des racines.
Les sels qu'elle contenait sont déposés. L'acide carbonique,
produit par la respiration animale, par la combustion, les
décompositions organiques, chimiques et volcaniques, est
décomposé par la lumière dans la plante, le carbone
se fixe, si au contraire l'on tient pendant quelque temps
les plantes à une obscurité plus ou moins complette, les
fonctions des organes sont dérangées et l'organisation des
tissus ne peut avoir lieu, la plante languit et meurt.

D'ailleurs nous ignorerons probablement toujours comment le petit nombre d'organes des plantes fonctionnent
pour former la fécule, les gommes, le sucre, les huiles
grasses et volatiles, le principe amer, etc., comment des
plantes d'organisations différentes, placées dans un même
sol, acquerront des propriétés souvent si opposées.

Actuellement que nous connaissons les feuilles, comme
organes de nutrition et de respiration, fonctions qu'on ne
peut comparer en aucune manière avec celles des ani-

---

(1) Pénétration d'un liquide moins dense, dans une utricule dont le
suc contenu est plus consistant.

(2) On a donné le nom de *Cambium* à cette séve élaborée.

maux, et en outre qui ne s'opère nullement comme chez les animaux par des organes spéciaux, étudions les diverses modifications que présentent ces feuilles.

D'abord le **pétiole** peut affecter un certain nombre de formes qui rentrent plus ou moins dans celles qu'affectent les tiges et les rameaux. Il peut être CANICULÉ, creusé d'un canal plus ou moins profond sur son côté supérieur ; il peut être muni latéralement d'expansions foliacées, et alors il est dit AILÉ (quelques *Orangers*), accompagné de STIPULES qui lui adhèrent plus ou moins haut (*Rosiers*), ou êtres libres (*Violettes*). D'ailleurs les diverses formes de stipules rentrent dans celles des feuilles (voir cet article). Enfin le pétiole peut manquer, c'est-à-dire que les fibres aussitôt écartées de l'écorce s'engage dans la lame de la feuille et alors cette feuille est dite SESSILE.

Dans les MONOCOTYLÉS, le pétiole se dilate généralement et entoure la tige, et pour cela la feuille (le pétiole) est dite *engaînante*.

Les feuilles se rangent naturellement dans deux séries (simples et composées), quelquefois difficiles à distinguer, car la feuille simple profondément lobée, peut se confondre avec la feuille composée ; celle-ci ne se distingue de la feuille simple qu'en ce que les pièces (distinctes) se désarticulent à leur base, ce qui n'existe jamais dans la feuille simple. D'ailleurs ces deux états se désignent par deux expressions très-voisines l'une de l'autre, on entend par *feuille pennée*, celle qui est composée de pièces ou folioles qui se détachent de leur base à la chute des feuilles, tandis qu'on nomme feuille PENNATILOBÉE, celle dont les lobes ne peuvent se détacher naturellement (sous telle apparence de composition qu'elles se présentent), avec une observation scrupuleuse de la base des folioles et des lobes, on aperçoit d'ailleurs souvent l'articulation ou la continuité des fibres.

FEUILLES SIMPLES.

On peut considérer les feuilles simples ainsi que les composées, sous divers point de vue, en voici le tableau :

1. Milieu qu'elles occupent.	8. Forme.
2. Point de départ.	9. Bord.
3. Disposition relative.	10. Base.
4. Fibration.	11. Sommet.
5. Direction.	12. Expansion.
6. Consistance.	13. Surface.
7. Durée.	14. Composition.

1° MILIEU qu'elles occupent. Elles sont ordinairement AÉRIENNES, mais elles peuvent aussi habiter l'eau et alors elles sont dites AQUATIQUES ; celles qui sont à la surface de l'eau reçoivent spécialement le nom de FLOTTANTES (*Nymphéa*); et celles qui plongent dans ce liquide sont dites SUBMERGÉES (*Potamogéton*). — SOUTERRAINES , ce cas ne peut s'appliquer qu'aux feuilles cotylaires ou cotyles (cotylédons), qui restent sous terre, n'étant pas portées dans l'air par l'allongement de la base de la tige (*Pois,* *Marron d'Inde*). Quelques feuilles de tige rampantes ou souterraines sont aussi réduites en rudiments membraneux transparents et non coloré (*Chiendent*).

2° D'après leur **point de départ** sur les tiges ou les rameaux. les feuilles sont dites INFÉRIEURES (Radicales (1), ce sont celles qui apparaissent après les feuilles cotylaires, qui le plus souvent ne ressemblent nullement aux autres. — MOYENNES, naissant au-dessus du niveau du sol, sur ce qu'on nomme vulgairement la tige (c'est-à-dire sa partie la plus apparente). — RAMÉALES ou des rameaux, celles

---

(1) Le mot de feuilles radicales doit être abandonné, ces organes ne naissant jamais sur les racines (mais la tige est parfois souterraine).

qui partent des ramifications de la tige. — Supérieures, celles-ci sont ordinairement différentes de toutes les autres, et se confondent souvent avec les bractées (1).

3° Disposition relative. La manière dont les feuilles sont placées sur les tiges ou ses ramifications, est souvent d'une grande importance, car au premier coup-d'œil elles caractérisent souvent un certain nombre de familles. Feuilles alternes ou éparses, ne naissant pas sur le même plan horisontal ou autrement dit, n'étant pas placée l'une vis-à-vis de l'autre (*Poirier*). — Distique, ce sont bien aussi des feuilles alternes, mais elles sont déjetées sur deux rangs opposés l'un à l'autre (*If, Sapin blanc*). — Opposées (ou en vis-à-vis), lorsque deux feuilles naissent des deux côtés de la tige ou des rameaux et sur un même plan horisontal (*Labiacées, Sauge*). — Opposées-croisées, lorsque les deux feuilles qui sont au-dessus et au-dessous d'elles les croisent à angles droits (*Labiacées*). — Vertillées, naissant au moins trois ou plus du même plan horisontal en rayonnant (*Laurier rose*). Ce cas est beaucoup plus rare qu'on ne le croit généralement, car on regarde dans les *Rubiacées* (*Garance, Gaillet*), comme verticillées des feuilles qui ne sont qu'opposées, mais qui étant accompagnées de stipules aussi grandes qu'elles, sont prises pour elles-mêmes, ce qui le prouve, c'est que les rameaux qui naissent dans cette famille, sont toujours opposés (alternes par avortement) et jamais verticillés. — Imbriquées ou Entuilées, appliquées les unes sur les autres à la manière des tuiles ou comme les écailles des poissons (*Genévrier Sabine, Thuya, Joubarbes*). — Fasciculées, naissant très-près les unes des autres, de manière à sembler réunies comme les poils d'un pinceau (*Mélèze*). Ce cas est réellement très-

---

(1) Feuilles plus ou moins déformées qui accompagnent immédiatement les fleurs.

rare, et les feuilles portées sur les rameaux latéraux excessivement courts, apparaissent fasciculées, tandis qu'elles sont réellement alternes sur les rameaux vigoureux et normaux.

4° **Fibration**. L'étude de la fibration (dans tous les organes laminés) est beaucoup plus importante qu'on ne l'avait cru d'abord. Elle sert utilement à caractériser de grands groupes, et, dans les détails, à distinguer les espèces, surtout dans les dernières ramifications, qui forment souvent un réseau très-remarquable, et d'autres fois se terminent brusquement sans former aucun réseau. Les DICOTYLÉS ont presque toujours des fibres qui se divisent angulairement en formant des espèces de V. Les MONOCOTYLÉS ont généralement leurs fibres foliaires parallèles et souvent peu ramifiées. — RAMIFIÉE, dont la ou les fibres primaires se divisent (presques toutes les DICOTYLÉES, *Poirier*, etc.). Cette ramification sera développée en détail dans le corps de l'ouvrage. — PENNÉE, fibres latérales naissant d'une fibre principale, à la manière des barbes de plumes (d'où le mot est dérivé), et suivant le nombre de ramifications successives, la fibre principale est dite BIPENNÉE, TRIPENNÉE, etc. — PALMÉE, lorsque les fibres primaires en partant d'un même point divergent de manière à imiter nos doigts écartés (*Erable*, *Vigne*, *Géranie*). — PÉDALÉE, lorsque les fibres du sommet du pétiole se divisent en deux branches, d'où partent plus ou moins parallèlement les secondaires (*Helléborcs*). — RAYONNANTE, lorsque toutes les fibres se dirigent dans tous les sens (on rayonnant) du sommet du pétiole (*Capucine*, *Lupin*). — CONVERGENTE, se dirigeant en formant une légère courbe, souvent sans se diviser, et atteignent le sommet en se rapprochant. (Beaucoup de MONOCOTYLÉES, surtout les GRAMINACÉES).

5° **Direction** (des feuilles). DRESSÉE ou ascendante — HORIZONTALE, de manière que le sommet se trouve (à peu près) au même niveau que la base. — Étalée, à sommet un peu plus élevé que la base, mais un peu moins près de la ligne perpendiculaire que la feuille dressée. — Infléchie, courbée en dedans, par le sommet surtout. — Réfléchie, dirigée en bas par un sommet et plus ou moins dans toute sa longueur, et souvent aussi avec rigidité. — Pendante, dirigée plus ou moins directement en bas dans toute sa longueur. — Oblique, lame placée de manière qu'au lieu d'avoir la face supérieure en haut, ce soit l'un de ses bords (*Laitue vireuse*).

6° **Consistance.** Herbacée, mince et faible (*Graminacées* en général). — Scarieuse, mince, sèche et bruyante par le frottement (s'applique plutôt aux bractées (*Leuzée*). — Coriace, d'une certaine épaisseur et consistance (*Laurier, Laurier cerise, Buis*). — Oléracée, un peu épaisses, faciles à déchirer, vu le peu de résistance des fibres et l'abondance des utricules (*Capucine, Epinard*). — Charnue, épaisse et remplie de suc (*Joubarbe, Aloès, Agavé*).

7° **Durée.** Tombante, feuille qui se détache à la fin de l'automne (*Poirier, Pommier*). — Marcescente, persistant sur l'arbre pendant l'hiver, mais desséchée (*Charme, quelques Chênes*). — Persistante, celle qui reste verte sur l'arbre pendant plusieurs années (*Buis, If, Sapin*).

8° **Forme** (1). Par ce mot on entend seulement la circonscription générale, y compris les diverses découpures ou dentures plus ou moins profondes qu'elle peut présenter. — Orbiculaire ou Circulaire (*Capucine*). — Réniforme (ou en rein), plus large que longue et échancrée à sa base (*Lierre terrestre*) (2). — Cordiforme ou en cœur, plus lon-

---

(1) Ces diverses dénominations peuvent s'appliquer y tous les organes aplatis, tels que feuilles, bractées, anthères, pétals, carpels, etc.

(2) La base d'une feuille est la partie du bord où s'engage le pétiole, et son sommet en est la partie opposée, telle largeur ou longueur qu'ait cet organe.

40

gue que large, échancrée à sa base et plus ou moins rétré-
cie à son sommet, de manière à ressembler à un cœur de
carte à jouer (*Violette velue*). — Obcordée ou en cœur ren-
versé, plus longue que large et plus étroite à la base qu'au
sommet qui est échancré. — En croissant, (quelques *Passifloracées*). — En flèche ou sagittée, lorsque l'échancrure
de la base offre latéralement un lobe pointu et écarté de
chaque côté (*Sagittaire*). — Ovale, obtuse aux extrémités, mais un peu plus étroite à la base qu'au sommet. —
Oblongue, plus allongée que large. — Lancéolée, ovale,
mais avec un sommet graduellement pointu. — Spatulée,
étroite à la base et s'élargissant graduellement vers le sommet qui est obtus. — Cunéiforme ou en coin, se terminant
en pétiole à sa base par deux lignes droites. — Linéaire,
extrêmement étroite et allongée (*Linaire commune*). —
Subulée ou en alène, très-étroite, raide et pointue (*Pin,
Sapin, Genévrier*). — Sétacée, extrêmement étroite, raide,
en un mot imitant un crin de porc (*Pin du Nord*). —
Filiforme, très-étroite, très longue, mais sans beaucoup de
rigidité. — En faux. étroite et courbée sur les bords, de
manière à imiter plus ou moins régulièrement un fer de
faux. — A lamelles égales, lorsque les deux lamelles de
la feuille (ou moitié des feuilles) sont égales (ou à peu
près) pour la largeur et la longueur. — A lamelles inégales, l'une des lamelles de la feuille plus courte ou plus
étroite que l'autre (*Tilleul, Orme*, quelques *Acacies*). —
Triangulaire, à trois bord et trois angles (et présentant
d'ailleurs deux surfaces planes) (*Macre ou Châtaigne d'eau*).
— Quadrangulaire, à quatre bords et quatre angles, plus
deux surfaces planes. — En violon (ou Penduriforme), plus
ou moins obovale et présentant sur les côtés deux échan-
crures (*Oseille élégante*). — Lyrée, comme lobée latéralement, et terminée par un troisième lobe plus large. —
Palmatilobée, dont les fibres sont palmées et la lame comme
découpée, de manière à imiter une main dont les doigts

seraient écartés. — Palmatifide, fibres et découpure de de la lame palmée, mais lobes plus profonds. — Palmatipartie, très-profondément découpée et fibrée comme les deux précédentes, mais de manière à imiter une feuille composée (chacun des lobes pourrait lui-même être diversement découpé.) — Pédalée, présentant deux découpures principales. desquelles partent un certain nombre de lobes presque parallèles, de manière à imiter un peu la disposition des orteils (*Hellébore*)ₐ Suivant la profondeur des découpures, la lame peut recevoir les dénominations de Pédatilobée, Pédatifide et de Pédalipartie. — Pennatilobée, découpée latéralement mais peu profondément, de manière à offrir des lobes qui imiteraient très-incomplettement une feuille composée pennée. — Pennatifide, divisée de la même manière que la précédente, mais plus profondément. — Pennatipartie, divisée latéralement si profondément, qu'on la prendrait absolument pour une feuille composée pennée. Ces diverses modifications peuvent avoir leurs lobes eux-mêmes plus ou moins profondément pennatilobés, de manière à mériter parfois la dénomination de Bipennatilobée, Bipennatifide et Bipennatipartie, ces second lobes peuvent eux-même être Tripennatilobés, Tripennatifides et Tripennatiparties (fréquent dans les *Ombellacées*). — En serpe ou roncinée, angulairement lobée et dont les sommets des découpures sont recourbées vers la base comme dans la feuille de la *Dent de lion*.

9° **Bord**. Entier, sans aucune découpure ni dents (*Lilas*). — Roulé en-dessus (*Violette* , *Nymphéa*). — Roulé en-dessous (*Romarin*). — Erodé, inégalement et faiblement entamé. — Lobé ou sinué, découpé en lobes arrondis, qui n'atteignent pas une grande profondeur. — Festoné ou crénelé, découpé en lobes égaux, obtus, peu profonds (plusieurs *Malvacées*). Les lobes obtus, ou larges festons, sont quelquefois eux-mêmes festonnés et alors la lame est dite DOUBLEMENT FESTONNÉE OU DOUBLEMENT CRÉNELÉE (quelques *Malvacées*). — DENTÉ, garni de dents à sommet plus ou moins aigu. — DENTICULÉ, lorsque les dents sont très-fines. — SERRETÉ OU EN SCIE, lorsque les dents sont dirigées vers le sommet de la feuille comme celles d'une scie. — OBSERRETÉ, lorsque les dents (pointues toujours) sont dirigées vers la base de la feuille. — DOUBLEMENT SER-RETÉ, si les doubles dents sont toujours dirigées vers le sommet. — SERRULÉES, finement denté en scie. — FRANGÉ, découpé en lanières étroites et longues.

10° **Base** de la lame. ENTIÈRE, sans aucune échancrure. — ECHANCRÉE, à la base, plus ou moins angulairement cu à sinus arrondi. — ENTOURANTE (ou embrassante), dont la base de la lame (ou son pétiole) enveloppe une partie du rameau. — ENGAINANTE, entourant si longuement la tige ou le rameau, que cette base forme une gaine (*Graminacées*). — PERFOLIÉE, entourant tellement la tige que celle-ci semble percer la feuille. — UNIE (on connée), soudée plus ou moins complettement à la feuille (ou autre organe lamellé) qui lui est opposé, que la tige semble les percer (*Chèvrefeuille des jardins*). — DÉCURRENTE, dont la base de la feuille se détache de la tige au-dessous de la naissance apparente de la feuille (*Scrofulaire aquatique*).

11° **Sommet**. OBTUS, arrondi (au sommet). — POINTU, terminé plus ou moins sensiblement en pointe, par le rap-prochement successif des deux lignes presque droites. — ACÉRÉ, finissant en pointe dure et piquante. — ACUMINÉ, terminé par une pointe plus ou moins marquée, occasion-née par la courbure rentrante de deux bords, et non par la rencontre de deux lignes droites, de manière qu'au-des-sous du sommet sont deux plus ou moins légers sinus. — MUCRONÉ, terminé brusquement par une petite pointe fer-me. Ce caractère peut se rencontrer même dans des feuilles à lame obtuse (au sommet). C'est presque une saillie prononcée et ferme de la dorsale. — Bilobé, lorsque l'échancrure du sommet est surmontée de deux lobes prononcés. — Bifide, lorsque l'échancrure du sommet se prolonge plus profondément.

12° Expansion. La lame de la feuille (ou de tout autre organe laminé) peut être plane, c'est celle qui présente deux faces sans flexion prononcée (*Lilas*, *Peuplier*). — Concave, creux en-dessus. — Convexe, creux en-dessous. —Carénée, dorsale d'une lame assez saillante pour former une espèce de quille ou carène de bateau. — En sabre, dont les deux lamelles sont unies l'une à l'autre (par leur face supérieure) (*Iris*), qui semblent alors avoir deux faces latérales. — Triquètre, présentant trois faces, trois bords et dont la coupe transversale est un triangle (quelques *Mesembryanthèmes*). — Demi-cylindrique, dont la coupe transversale est un demi cercle. — Cylindrique, dont la coupe transversale forme un cercle. — Cylindroïde, presque cylindrique. — Ridée, surface relevée de boursouflures nombreuses (*Sauge*, graines des *Aconits*). Rugueuse, relevée de très-petites inégalités, souvent invisibles sans loupe, produites par de très-petits plis, ou par des glandes microscopiques. — Bullée ou cloquée, relevée de boursouflures très-prononcées (*Laitue pommée*, *Rosiers à feuilles cloquées*). — Ondulée, dont les bords surtout présente des flexuosités imitant en petit des ondes.

13° Surface (1). Lisse, sans aucune inégalité, ni poils, ni saillies (*Lilas*, *Jacinthe*). — Luisante, comme vernie (*Laurier cerise*, *Magnolie*). — Chauve ou glabre, sans poils (*Laurier cerise*). — Veloutée, couverte de très-petits

---

(1) Toutes les dénominations contenues dans cette division peuvent s'appliquer aux divers organes des plantes, et plusieurs d'entre elles se trouvent parfois employées dans la même phrase, ainsi une feuille peut être en même temps lisse, chauve et luisante.

44

poils, droits, nombreux, doux au toucher mais sans éclat.
— Velue, parsemée de poils écartés, plus ou moins longs
et mous. — Soyeuse, présentant des poils fins, serrés,
brillants et appliqués (*Saule osier*). — Incane, couverte
de poils fins, courts, d'un blanc mat et sans douceur au
toucher (*Saule incane*). — Cotonneuse ou tomenteuse, recouverte de poils fins, longs et entrelacés (*Saule des chè-
vres*). — Laineuse, à poils longs, gros (*Bouillon blanc*). —
Barbue, garnie de longs poils raides et gros. — Ciliée, portant des poils sur les bords. — Furfuracée, recouverte de
petites lames écailleuses inégales, minces, presque transparentes, sèches (quelques *Fougères*). — Hispide, garnie
de poils raides, minces et un peu piquants. — Aiguillonnée,
hérissée d'appendices piquants, droits ou crochus, gros et
fermes, qui en se détachant, laissent une cicatrice sur la
surface qu'occupait leur plus ou moins large base. Il ne
tiennent qu'à l'écorce. — Épineuse, hérissée de piquants
qui font corps avec l'organe qui les porte, et non à sa surface seulement, et dont ils ne peuvent se détacher sans en
rompre les fibres (*les feuilles du Houx*, les fruits de la
Pomme épineuse). — Ponctuée, garni de petits points. Il
faut avoir soin d'indiquer si ces points sont en creux ou
en saillie. — Glanduleuse, portant des glandes soit à sa
surface, soit enfoncées dans le tissu. Ces glandes peuvent
être sessiles comme dans les *Labiacées*, pédicellées comme
dans les *Rosiers*, sont engagées aussi parfois dans le tissu
(*feuilles de l'Oranger, du Millepertuis*). Il faut aussi en décrire la forme, etc. — Verruqueuse, lorsqu'une surface
présente des saillies plus ou moins grosses, relevées elles-
mêmes de petites inégalités, comme les verrues (écorce de
l'*Orange*, du *Citron*, rameaux du *Fusain verruqueux*). —
Trouée, lorsque le réseau fibreux n'est pas complètement
comblé par les utricules. Ce cas est très-rare, il n'existe
pas dans les plantes européennes, mais on l'applique à tort
aux feuilles du *Millepertuis*, de l'*Oranger*. — Visqueuse,

couverte d'une exsudation gluante (*Robinier visqueux*, quelques *Silènes* (sur les rameaux). — Glaucescente ou vert d'œillet, lorsqu'une exsudation cireuse que l'on nomme glauque, recouvre une partie (*Prune, Raisin*, feuilles de l'*Œillet des bouquetières*). — Colorée, présentant une couleur toute autre que le vert, qui est si fréquent dans la nature qu'on ne le mentionne pas. — Tachetée, présentant de petites taches diversement teintées. — Panachée, bigarrée de couleurs inégalement étendues (*Pied de veau*, souvent les pétales de l'*Œillet*). — Rubanée, présentant des lignes assez égales de diverses couleurs ou de diverses nuances. Dans les feuilles c'est un état maladif, qui souvent disparaît totalement ou partiellement.

La **feuille composée** est celle qui présente un ou plusieurs points où les folioles se désarticulent (*Rosiers, Sensitive*, etc.). Ces points se présentent souvent sous l'aspect de petites nodosités utriculeuses qui occupe la base des pétiolules. C'est sur eux aussi que la foliole se fléchit diversement et très-souvent au coucher et au lever du soleil. Il est souvent difficile de décider si une feuille trifoliolée doit être rangée parmi les feuilles à fibres palmées ou pennées. Ordinairement celles qui ont la foliole terminale sessile doivent être rangées parmi les palmées (*Trèfle*). Lorsque les espèces de ce genre développent une quatrième ou une cinquième foliole, elles partent toutes du sommet du pétiole même, tandis que les feuilles trifoliolées pennées ont la foliole terminale pétiolulée. La *Luzerne houblon* doit en conséquence être rangée parmi les folioles pennées, puisque elle développe parfois une quatrième et une cinquième foliole, placées à distances des deux latérales.

FEUILLE COMPOSÉE A FIBRES PENNÉES.

On nomme particulièrement FEUILLE PENNÉE (1) ou AILÉE, celle dont le pétiole commun porte une rangée de folioles de chaque côté et ordinairement une foliole terminale (*Rosier*, *Baguenaudier*). — BIPENNÉE, lorsque le pétiole commun au lieu de porter immédiatement des folioles, se ramifie en nouveaux pétioles, qui eux-mêmes s'allongent et portent chacun des folioles pennées (*Sensitive*). — TRIPENNÉE, lorsque le pétiole se divise deux fois en pétioles secondaires, et que les derniers portent des folioles. Les feuilles diversement pennées peuvent offrir plusieurs modifications, ainsi la feuille pennée, bipennée et tripennée, peut l'être avec une foliole terminale et alors elle est impairement pennée, ou sans foliole terminale ou impaire, et alors on la nomme *brusquement pennée* ou pennée sans impaire. — PENNÉE TRIFOLIOLÉE, la foliole impaire est alors pétiolulée (*Haricot*). — PENNÉE BITRIFOLIOLÉE, lorsque le pétiole commun trifurqué porte trois folioles sur chaque pétiolule, et enfin PENNÉE TRITRIFOLIOLÉE, lorsque le pétiole commun, deux fois trifurqué, porte à l'extrémité de la deuxième ramification du pétiolule trois folioles. D'ailleurs toutes ces modifications de feuilles peuvent avoir des stipules à leur base ou en être privées, et les folioles peuvent avoir des stipelles (petites stipules) à la base des folioles ou en être privées. Ces stipelles peuvent être géminées ou solitaires (d'un côté ou de l'autre du pétiolule). On a aussi à décrire la forme, etc., de ces stipelles. Il est quelquefois des feuilles pennées qui n'ont que 2 ou 4 folioles latérales, tandis que la foliole terminale est réduite à ses fibres qui sont contournées en spires ou vrilles (Gesse), et même alors le pétiole commun

---

(1) Du mot latin *penna* plume.

au lieu d'être nu est ailé (Gesse). Toutes ces modifications caractérisent souvent des genres et parfois même les espè-ces. — Il est quelquefois des feuilles composées qui parais-sent simples par l'union des folioles (*Bauhinia*). L'union est plus intime encore dans le genre *Gaînier* (Cercis), car les deux folioles ne forment plus qu'une large feuille en cœur. D'autres exemples bien marqués d'union, s'obser-vent dans le genre *Gleditschia* (Févier), dans les jeunes rameaux les feuilles sont doublement pennées, ou n'offrent que des unions partielles de folioles, tandis que dans les individus âgés, les feuilles sont simplement pennées.

FEUILLE COMPOSÉE A FIBRES PALMÉES.

Palmée trifoliolée comme des *Trèfles*, (excepté ceux à fleurs jaunes, toutes les *Luzernes* au contraire sont pen-nées trifoliolées). Palmées quinquefoliolées (quelques *Lu-pins*), Palmées multifoliolées (d'autres *Lupins*). Les *Poten-tilles* qui sont regardées par quelques personnes comme *palmées quinquéfoliolées*, sont réellement *palmées quinqué-lobées* si profondément qu'on prend souvent ces lobes pour des folioles. Dans les feuilles, celles qui sont à fibres pennées mais dont les parties constituantes ne sont point articulées doivent recevoir le nom de profondément pen-natilobées, ou pennatipartie et non de pennées.

SOMMEIL DES FEUILLES.

Dès le xvie siècle on avait remarqué que dans certaines plantes à feuilles composées (*Réglisse, Tamarin*, etc.), les folioles se réfléchissaient le soir sur le pétiole et se rou-vrait le matin. Linné et sa fille firent, sur ce phénomène de nouvelles observations, et dans son style poétique l'auteur suédois lui donna le nom de *Sommeil des feuilles.*

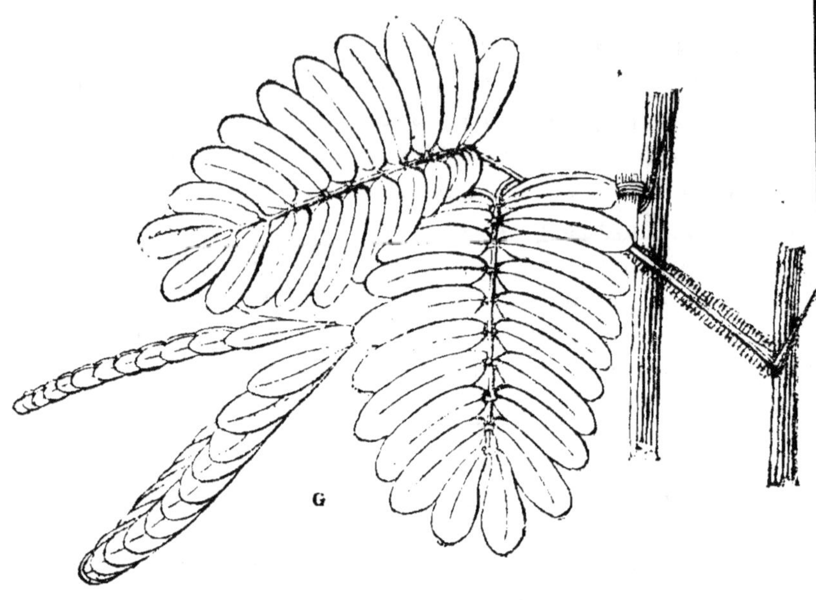

Attitude de nuit des folioles.   Attitude des folioles le jour.
de la *Sensitive* ou *Mimosa pudica*.

Les mouvements de sommeil et de réveil des feuilles composées, ont été observés dans tous les états hygroscopiques de l'air; ils ont lieu dans les serres, où les changements de température et d'humidité sont presque nuls : ils ont même été constatés sous l'eau. — C'est sur les articulations des folioles, ou quelquefois sur celle de la base du pétiole, que la flexion s'exécute. Une foliole coupée en deux s'incline et se redresse, comme celles qui n'ont point été blessées, pourvu que l'articulation soit intacte. Ces articulations présentent une grande quantité d'utricules placées bout à bout, et il paraît que ce sont elles qui jouent le principal rôle dans ces mouvements. La lumière paraît la principale cause du changement d'état de turgescence de ces utricules articulaires, car au moyen de la lumière naturelle ou artificielle et de sa privation, on peut à volonté faire veiller ou dormir les folioles de beaucoup de Papilionacées. — Les excès de température, en agissant sur la santé des végétaux, peuvent seuls empêcher ce phénomène. — Voici les positions principales que peuvent prendre les folioles à l'approche de la nuit, celles du *Trèfle rampant* et des *Oxalis* baissent le sommet de leurs folioles. Celles des *Mélilots* au contraire s'élèvent. Le *Baguenaudier* tend à les appliquer l'une contre l'autre par leur face supérieure. Le *Robinier faux-acacia*, les *Casses*, la *Réglisse* les baissent de manière à mettre en regard les faces inférieures. La *Sensitive* les applique sur le pétiole. (G. p. 148) — On signale aussi certains mouvements opérés sur la base du pétiole de quelques feuilles simples.

EXCITABILITÉ DES FEUILLES COMPOSÉES.

Plusieurs plantes offrent un autre phénomène non moins remarquable, c'est l'espèce d'excitabilité que le contact et les agents chimiques produisent sur quelques-unes de leurs parties. C'est encore dans l'intéressante famille des *Papilionacées* et des *Mimosacées*, très-impressionnables par la lumière, que nous trouvons ces symptômes d'excitabilité. La *Sensitive*, au moindre choc, par l'agitation un peu brusque de l'air, entuile ses folioles et se fléchit brusquement sur la base tuméfiée de son pétiole ou de ses pétiolules. Si on la laisse immobile, et qu'une chaleur et une lumière convenables l'entourent, ses gracieuses folioles se redressent. Cette singulière plante peut aussi, jusqu'à une certaine limite s'accoutumer au mouvement. Ainsi Desfontaines ayant porté dans une voiture un vase de *Sensitive*, la vit appliquer toutes ses folioles les unes sur les autres aussitôt que la voiture roula sur le pavé; peu à peu les folioles et la feuille elle-même reprirent leur position de jour, malgré les mouve ments de la voiture. On arrêta, et après quelque temps de repos le mouvement continua et alors les folioles se refermèrent, pour se rouvrir encore pendant la marche, et on continua à obtenir les mêmes résultats. — Les excitations chimiques peuvent suppléer aux excitations mécaniques, mais avec danger pour la plante. Lorsqu'on est parvenu à placer une goutte d'eau sur une feuille de *Sensitive* sans exciter aucun mouvement, si l'on substitue à l'eau une goutte d'acide azotique ou sulfurique, les folioles se ferment, le pétiole s'abaisse, et graduellement les autres feuilles supérieures à la feuille touchée, appliquent leurs folioles sur le pétiole, sans que les feuilles placées au-dessous en aient éprouvé le moindre effet. Ainsi l'action irritante de l'acide se communique de la feuille à la tige ou au rameau en suivant une direction ascendante : La feuille et la partie de la tige placées au-dessus, ainsi que les folioles qu'elle porte, périssent après cette opération.

On peut ralentir les mouvements de la *Sensitive* et de la plupart des organes mobiles des plantes en leur faisant absorber soit des poisons narcotiques, soit des poisons irritants. Il est difficile de ne pas voir dans cette série de faits, la preuve manifeste de la force vitale et d'une sorte d'excitabilité. — La *Dionée attrape mouche* (*Dionea muscipula*) *Droséracée* des marais de l'Amérique boréale, a des feuilles étalées en rosette sur le sol. Elles sont bordées de longs cils. Leur face supérieure, lisse et chauve, est tellement excitable que le moindre contact, la seule marche d'un très-faible insecte, fait appliquer l'une contre l'autre les deux lamelles de la feuille ; et chaque mouvement de l'animal fait resserrer sa prison. Ce n'est que quand il reste immobile que les lamelles s'écartent, et s'il est assez adroit pour s'élancer rapidement il est sauvé.

Un phénomène tout aussi inexplicable de mobilité, s'observe sur le *Sainfoin oscillant* ou *Desmodie oscillante* (*Desmodium gyrans)*. Ici les mouvements sont continus et sans cause connue. Cette singulière *Papilionacée* du Bengale, que nous voyons parfois dans nos serres, présente des feuilles à trois folioles, une grande terminale et deux latérales très-petites. Lorsque la plante est exposée à une température élevée, les folioles latérales sont dans un mouvement presque continuel, qui s'exécute par petites saccades, analogues à l'aiguille des montres à secondes. L'une s'élève au-dessus du pétiole, tandis que l'autre descend. Elles sont ainsi dans une oscillation continuelle. Si l'on arrête l'une des deux, l'autre n'en continue pas moins son balancement, et lorsqu'elle devient libre, elle ne tarde pas à se remettre à alterner avec celle qui est vis-à-vis. La foliole terminale se meut aussi, en portant alternativement ses bords en haut et en bas, mais le mouvement est plus lent que celui des folioles latérales. Ces mouvements singuliers durent pendant toute la vie de la plante, jour et nuit, pendant la sécheresse et l'humidité, et ne paraissent modifié que par les températures extrêmes. On assure que dans l'Inde on a vu ses folioles exécuter jusqu'à soixante petites saccades par minute : il est très-rare que dans nos serres elles offrent un mouvement aussi rapide.

BOURGEON. (Gemma) (1).

Le bourgeon est le rudiment d'une plante, qui naît sur la tige et les rameaux (accidentellement sur les racines)

---

(1) *OEil* des jardiniers, ceux-ci nomment *boutons* les bourgeons à fleurs. Ce dernier mot ne peut pas être plus admis que le premier, car le mot bouton est appliqué à une fleur non épanouie.

52

sans avoir eu besoin de fleuraison préalable et sans racine propre. Il présente presque toujours à l'extérieur des écailles protectrices, qui ne sont que des rudiments de feuilles. Il existe deux espèces de bourgeons par rapport à leur position; les uns, et c'est le cas le plus fréquent, naissent avec les feuilles et à leur aisselle; d'autres apparaissent des bourrelets d'où partent les feuilles et dans le cas seulement où les bourgeons axillaires avortent ou sont détruits accidentellement ou volontairement. Ces bourgeons sont désignés sous le nom de bourgeons supplémentaires ou adventifs. Parmi les bourgeons axillaires surtout les uns sont seulement A FEUILLES, ils ne produisent que des rameaux garnis de feuilles ou stériles, d'autres sont A FLEURS SEULEMENT (1) *(Cerisiers)*. et enfin une troisième espèce est désignée sous la dénomination de BOURGEONS MIXTES. Deux de ces bourgeons existent ordinairement et seulement sur le même arbre: ainsi les *Pruniers* et les *Cerisiers* n'ont d'abord que des bourgeons à feuilles, et lorsqu'ils sont plus âgés ils ont en même temps des bourgeons à *fleurs*. Les *Poiriers* et *Pommiers* n'ont aussi dans leur jeunesse que des bourgeons à feuilles et plus tard (et en même temps) des bourgeons mixtes.

Dans certaines années chaudes et humides les arbres présentent deux évolutions de bourgeons: la première due aux bourgeons nés le printemps de l'année précédente aux aisselles des feuilles; la deuxième produite à l'aisselle des feuilles développées au printemps de l'année même. C'est ce que l'on appelle souvent la *pousse d'août*, c'est ce qui arrive toujours dans les *Mûriers* lorsqu'on cueille la feuille du printemps. Alors le plus souvent les bourgeons qui ne se seraient développés qu'au printemps

---

(1) Dits à fruit, ou plutôt improprement encore boutons par les jardiniers.

poussent 12 à 15 jours après la récolte de la feuille et donnent des rameaux assez longs cette même année, dont une grande partie de la longueur a encore le temps de se solidifier (de s'aouter disent les jardiniers).

Dans les écailles des bourgeons se trouvent des branches à feuilles ou à fleurs, ou toutes deux à la fois à l'état assez développé, pour qu'au printemps, et souvent même en juin et juillet, on puisse, par leur forme, savoir s'ils sont à feuilles ou à fleur. Cette connaissance est d'autant plus indispensable pour l'arboriculteur que c'est avec eux qu'il doit propager artificiellement la plante, s'il ne se sert pas de la graine.

Les bourgeons s'accroissent non-seulement depuis le printemps de l'année précédente, époque à laquelle nous les avons vu naître avec les feuilles, mais aussi après la chute des feuilles, même pendant l'hiver, car ils sont bien plus petits en automne qu'ils ne le seront au commencement du printemps.

Les écailles, plus ou moins nombreuses, et qui sont entassées en spirale serrée plus ou moins étroitement appliquées, plus ou moins revêtues de poils, de matière gommo résineuses ou au moins très-lisses, préservent les organes importants qu'ils renferment et avec la sève presque tiède qu'ils reçoivent des racines, font que les bourgeons résistent ordinairement aux intempéries de l'hiver. Au printemps, à l'évolution des bourgeons, ces écailles se désarticulent par leur base et tombent, par l'agrandissement du tissu jeune et parce que ces écailles n'ont plus de communications avec les organes nouveaux.

Dans les plantes herbacées, il ne se forme pas de bourgeons proprement dits, mais des aisselles des feuilles naissent (presque en même temps qu'elles) des rameaux qui constituent les ramifications. Le développement des bourgeons réels, mais presque invisible, est extrêmement rapide. De l'aisselle des feuilles de ces rameaux poussent aussi de secondes ramifications. Et l'évolution se fait ainsi incessamment sans donner le temps aux bourgeons de se former.

Nous avons vu que les **bourgeons** diffèrent entre eux 1° par les organes qui enveloppent le rudiment de la branche future (foliacée ou florale); 2° par les parties intérieures qui les constituent, 3° et enfin par leur position. Étudions un peu plus en détail ces modifications. Nous avons vu que ces bourgeons étaient dits :

Bourgeons à feuilles (*à bois* des jardiniers), et que ceux-ci ne produisaient que des rameaux portant des feuilles. Tant que l'arbre développe cet organe, il continue à s'allonger et à augmenter en rameaux (si rien ne vient détruire ces bourgeons avant de s'être transformés en branches).

Bourgeons à fleurs (*boutons* des jardiniers). Au lieu de développer des feuilles comme le *premier*, il s'est produit une transformation des feuilles en bractées ou en bractéoles, en sépales, pétales, étamines et carpels, et peut-être en graines. Ces organes ainsi changés ne sont plus aptes à agrandir l'individu, leur rôle a changé, ils sont épuisés au profit des graines, qui se détachent de l'arbre pour former de nouvelles séries d'individus agglomérés qui constituent autant d'arbres. Ce bourgeon à fleur, transformé en fruit est arrivé à son état adulte, il ne vivra plus en commun, il s'est à jamais détaché de la communauté de biens, pour aller former une nouvelle république vraiment sociale.

Bourgeon mixte. Comme son nom l'indique, il est formé à sa base de quelques feuilles souvent moins développées que celles des bourgeons à feuilles, et d'un plus ou moins grand nombre de fleurs, diversement disposées. Si celles-ci se développent jusqu'à la maturité, ce rameau mixte est éteint ordinairement, mais si les fleurs ne réussissent pas ou qu'on les supprime, on voit souvent naître des bourgeons à feuilles ou plus rarement mixtes à l'aisselle de ces feuilles. Mais le plus souvent ce rameau meurt entièrement. Nous verrons à l'article Greffe, Bouture, Marcotte, le plus ou moins d'importance que présentent ces bourgeons pour la propagation artificielle de l'espèce ou de la variété.

Les feuilles rudimentaires des bourgeons à feuilles présentent diverses plicatures utiles à étudier, et qui souvent peuvent établir des divisions importantes. Ces feuilles peuvent être :

1° **Appliquées**, c'est-à-dire que ne présentant aucune plicature, elles sont appliquées face en face les unes devant les autres (*Amaryllis, Mélèze*).

2° **Pliées du sommet à la base** ou autrement dit transversalement (à la feuille). Ce mode de plicature présente deux modifications bien distinctes. — En crochet ou repliées, lorsque, par une courbure transversale courte, son sommet est dirigé assez brusquement vers sa base (*Aconit*) — Circinale ou en crosse, lorsqu'elle est roulée du sommet vers la base en formant une spirale plate, comme un ressort de montre (rameau-feuilles des *Fougères*).

3° **Pliées longitudinalement**. Ce mode de plicature présente cinq modifications. — Conduplicative, pliées en long sur la dorsale, placée côte à côte avec sa voisine, mais de manière que la dorsale de l'une soit en contact avec les deux bords de l'autre (*Cerisier*). — Demi enveloppantes, lorsqu'une feuille pliée sur sa dorsale reçoit entre ces deux lamelles, l'une de celle qui lui est opposée (*Saponaire officinale*). — Enveloppantes, si une feuille, pliée sur sa dorsale, enveloppe les deux lamelles de celles qui est vis-à-vis (*Iris*). — Equitatives (ou à cheval), lorsque deux feuilles à demi pliées sur leur dorsale, sont placées l'une vis-à-vis de l'autre et que leurs bords s'affleurent; mais en outre que deux plus extérieures pliées de la même manière se croisent, de sorte que les quatre bords des deux extérieures répondent aux dorsales des deux intérieurs (*Troène*). — EN ÉVENTAIL, lorsque la feuille est à fibres palmées et que chaque portion de feuille est pliée sur chacune de ses fibres principales, à la manière d'un éventail fermé (*Vigne*, *Malvacées*).

4° **Convolutives** roulées par leur bord. Cette disposition présente trois états. — EN CORNET, lorsqu'une feuille non fléchie sur sa dorsale, est roulée en cylindre de manière que l'un des bords soit au centre du cylindre, et l'autre extérieurement (*Bananier*, *Abricotier*). — SUPERVOLUTIVE, bords des lamelles roulées en dessus (*Violette*, *Nymphéa*). — RÉVOLUTIVES, bords roulés en dessous (*Romarin*, *Saule incane*).

PROPAGATION ARTIFICIELLE DES PLANTES.

On n'ignore pas que les végétaux se propagent au moyen de leurs graines, mais pour cela il faut préalablement qu'ils fleurissent; et comme beaucoup de plantes vivent dans nos serres, et que si elles y fleurissent, on ne peut souvent en obtenir des fruits et des graines mûres, il a fallu chercher d'autres moyens de les multiplier. — Ces moyens artificiels sont la *Marcotte*, la *Bouture* et la *Greffe*. Nous n'entrerons pas dans les développements que nécessiteraient ces diverses opérations, mais nous croyons devoir ici en donner les notions principales.

Marcotte. Des plantes à rameaux couchés et qui, en contact avec la surface humide du sol, auront développé des racines surnuméraires (adventives) auront sûrement donné lieu au marcottage (les *OEillets* sont fréquemment marcottés). Il suffit de tenir sur la terre ou

de recouvrir d'un peu de terre ou de mousse tenue hu-
mectée un rameau feuillé ou non, pour y faire développer des racines. Aussitôt qu'elles sont assez fortes on les
détache de la *mère-plante*, et on les transplante en ayant
soin de les tenir d'abord à l'ombre et humides. Ces racines sont plus ou moins promptes à se développer.
Pour faciliter leur développement on entaille plus ou
moins profondément le rameau à marcotter, ou bien on
le tord sur un de ses points, où on le lie avec un fil ciré.
Par tous ces moyens on n'intercepte pas le passage de la
sève ascendante, mais on retarde son retour vers la racine qui nourrit tout l'individu, et on force le développement de nouvelles racines au-dessus de l'obstacle qu'on
a mis à la descention de la sève plus ou moins élaborée.

Bouture. Le bouturage consiste à mettre en terre,
ou dans un milieu humide un rameau jeune et frais et à
le tenir humecté, soit à l'air libre, soit sous des cloches,
afin d'avoir un milieu qui se conserve plus uniforme. Ce
rameau, herbacé ou ligneux, vit pendant quelques jours
de sa propre sève, en absorbant cependant un peu d'eau
par sa partie entaillée. Cette sève, peu aqueuse, fait apparaître plus ou moins vite des racines surnuméraires,
qui subviennent bientôt au développement du rameau.
— Il est des plantes (*Saule*, *Peupliers*, *Platanes*, *Pélar-
gon'es*) qui se bouturent sans presque aucune précaution,
pourvu qu'elles soient tenues dans un milieu humide ;
mais celles à tissus compacte présentent plus de difficulté
à l'apparition des racines surnuméraires. Dans ce cas on
les soumet à la chaleur humide, c'est ce que l'on désigne sous le nom de *boutures étouffées*. C'est en mettant
de très-petits rameaux de *Camélias simples*, de *Rosiers*,
de *Dahlie* dans de très-petits vases ou godets garnis de
terre légère, poreuse et humide sous des cloches et dans
un lieu chaud que les jardiniers parviennent à produire
plus ou moins facilement, et presque à toutes les époques

58

de l'année une multitude prodigieuse de jeunes individus.
Ils sont successivement dépotés, tenu dans un milieu ap-
proprié et ornent bientôt avec profusion nos jardins.

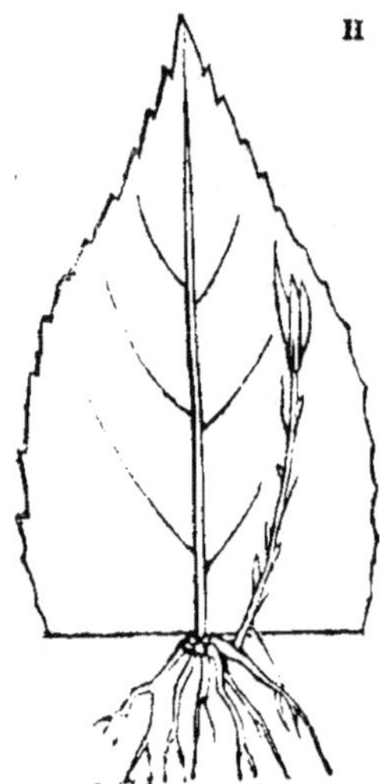

II

Les rameaux et même les racines
ne sont pas les seuls organes que l'on
puisse bouturer, car voici un exemple
de bouture de feuille coupée en deux
et qui a donné naissance à des racines surnuméraires et en même
temps à un jeune rameau.

Greffe. Le troisième moyen, très-important de multiplication artificielle, est la *Greffe*, (*ente*, *écusson*). Au
lieu de transporter en terre le jeune rameau, muni de
racines surnuméraires qu'on a d'abord fait développer
(*marcotte*) ou de faire pousser de nouvelles racines à un
rameau qui a été d'abord détaché d'une plante (*bouture*),
on prend ce rameau et on l'implante sur celui d'une
autre plante qui a une grande analogie d'organisation
avec lui. Cependant ce mode de propagation n'a probablement pas eu lieu d'abord de cette manière. Il est présuma-
ble que deux branches d'arbres placées l'une sur l'autre,
et agitées par le vent, auront été escoriées et que par
suite de leur immobilité plus tard, se seront soudées
l'une à l'autre et auront constitué ce que l'on nomme
actuellement **greffe par approche**. Ce même fait
s'observe aussi sur des racines croisées, et pressées l'une
contre l'autre, en grossissant elles se soudent. Cette

greffe **par approche** est souvent imitée par les jardiniers qui ont entamé convenablement l'écorce de deux
arbres, qui ont des rapports de famille, plus souvent
de genres et d'espèces. C'est ainsi qu'on a longtemps greffé
les *Camélius*. Mais par ce moyen on a souvent des tiges
mal conformées, ce qui a contribué à l'abandonner presque complètement pour ces charmants arbustes — On
nomme sujet l'individu sur lequel on place un ou plusieurs
rameaux, et greffe le rameau transporté. Ce mot greffe
est aussi appliqué au résultat de l'opération. — Quelque
procédé que l'on emploie pour pratiquer la greffe, il faut
que l'écorce fraîche et tendre du rameau à appliquer soit
en contact immédiat avec le jeune bois du sujet. C'est
probablement par les utricules serrées des rayons ou prolongements utriculeux ou médullaires du sujet, mis en
contact avec ceux du nouveau rameau, que l'adhérence
et la communication de la sève commencent. Il est d'ailleurs à remarquer que l'écusson placé sur la place d'un
bourgeon du sujet réussit mieux que sur une autre place.
— Tous les organes des plantes, dont on a mis le tissu utriculaire a nu, ou bien ceux qui, encore jeunes, sont pres-
sés les uns contre les autres, pourraient se greffer (ou se
cicatriser l'un avec l'autre), mais on n'a tiré parti de
cette remarque que sous le point de vue de la multiplica-
ti n des rameaux. — C'est par la sève ascendante que la
greffe est nourrie, car les matières colorantes passent du
sujet au bourgeon implanté. Les greffes prennent souvent
mieux lorsque la branche sur laquelle on a opéré est
supprimée au-dessus de l'insertion, ou qu'on l'a étranglée
par un lien qui gêne la descention de la sève élaborée.
D'autrefois cependant on ne coupe la branche qui sur-
monte la greffe que lorsqu'elle a attiré, par le commencement de l'évolution de ses feuilles, une certaine quantité de sève, qui développe le ou les bourgeons transportés. — Nous avons vu qu'il est indispensable qu'il

60

y ait des rapports intimes entre les plantes pour que la
greffe réussisc, ou autrement dit, qu'il y ait analogie
anatomique et physiologique : ainsi des fruits à noyaux
(ou AMYGDALACÉES), greffés les uns sur les autres Il en est
de même pour les POMACÉES. Les rapports consistent en
partie probablement dans la structure des utricules ; mais
elle est si difficile à observer que nous nous contentons
des rapports, des genres et des espèces.

Tout ce que les anciens ont écrit sur les greffes hété-
rogènes ne s'est pas vérifié, malgré que les procédés de
greffes se soient perfectionnés et multipliés Ainsi, il est
faux que l'on puisse greffer le *Rosier* sur le *Houx*, pour obtenir des roses vertes ; du *Jasmin* sur l'*Oranger* pour avoir
des fleurs de jasmin très-odorantes ; l'*Oranger* sur le
Grenadier, pour produire des oranges rouges ; la *Vigne*
sur le *Noyer* et maintes autres absurdités. — Cependant
la nature nous présente quelques exceptions sur les plantes parasites (1). Ainsi le *Gui* s'observe sur des arbres de
familles qui n'ont aucun rapport entre elles.

Il ne suffit pas que les plantes soient de la même famille
pour que la soudure ait lieu entre le rameau et le sujet,
il faut encore que les plantes soient en végétation à la
même époque, car, pour que les utricules et les fibrilles
puissent s'unir, il faut qu'il y ait une humectation égale et
simultanée entre elles. — Les arbres à feuilles persistantes
ne peuvent être greffés sur ceux à feuilles caduques. Il est
aussi nécessaire qu'il y ait quelques rapports entre la grandeur que peuvent acquérir les espèces ou les variétés. Des
sucs homogènes contribuent beaucoup à la réussite. —
Les arbres à sucs résineux ne peuvent se greffer sur ceux à
suc gommeux ou aqueux , il en est de même pour ceux à

____

(1) Plante qui vit sur et aux dépens d'une autre (*Orobanches, Cuscutes*).

suc laiteux. *L'époque* ou l'opération est pratiquée est souvent importante; ordinairement c'est au printemps ou en automne pour les arbres à feuilles caduques, le plus souvent quand ils ont perdu leurs feuilles. Dans les *Coniféracées* au contraire la greffe se pratique sur les rameaux qui viennent de naître, tandis qu'elle a toujours échoué sur ceux de l'année précédente et aux époques ordinaires de la greffe.

Pour pratiquer la greffe il faut choisir le moment où les plantes sont bien en sève, trop de chaleur dessècherait les utricules des entailles faites, trop d'humidité les empêcherait aussi de s'unir (les noierait comme disent les jardiniers). — Les greffes pratiqués au printemps ou en été, se développent de suite et ont reçu le nom de *greffe à bourgeon poussant (à œil poussant* des jardiniers); celles d'août ou septembre sont nommées à *bourgeon dormant* (vulgairement à *œil dormant*), parce que les bourgeons se soudent au sujet, mais ne se développent d'une manière bien apparente qu'au printemps suivant.

Le sujet et le terrain dans lequel il est planté, influent beaucoup plus qu'on ne croit ordinairement, sur les fruits surtout. Ainsi le *Pommier ord'naire* greffé sur *Pommier nain* (ou *Paradis*), produit des pommiers bas. Sur *Pommier doucin* ils produisent des pommiers de moyenne grandeur (ou *Mivent*), sur *Pommier franc* (ou *de semis*) ils acquèrent une plus haute taille. En général, actuellement on greffe beaucoup plus sur *franc* que de toute autre manière. Le *Prunier du Canada* (ou *Ragoumin'er, Cerasus Canadensis*), qui, dans son état naturel est rampant, devient un arbre droit quand il est greffé sur l'un de nos pruniers des jardins. — Quelques espèces résistent mieux à la gelée lorsqu'elles sont greffées, d'autres présentent le contraire.

La **greffe par rameaux** (ou *SCIONS*) consiste à transporter sur un arbre ou un arbuste bien enraciné, un ou plusieurs rameaux de l'année précédente, munis (ordinairement) de *bourgeons à feuilles* (*à bois* ou *œil* des jardiniers*). Pour cela on engage le rameau dans des entailles correspondantes pratiquées sur le sujet, dont une branche de peu d'années d'existence a été coupée en travers, ou bien après avoir taillé la branche, comme dans le cas précédent, on la fend longitudinalement et l'on y engage la base d'un petit rameau taillé en coin. C'est la **greffe en fente.** On a soin de faire correspondre exactement les écorces, on fixe les parties au moyen d'un lien, et l'on enduit la plaie avec la cire des jardiniers.

La **greffe à bourgeons sans bois** (*G. d éusson*), consiste à enlever un écusson d'écorce, munie d'un bourgeon, et à le placer sous les deux lambeaux triangulaires de l'écorce du sujet, entaillée en T; on fixe au moyen d'un lien en laine ou en écorce de tilleul les parties opérées. Cette greffe est fréquemment employée sur les rosiers.

La **greffe en flûte** (ou *en sifflet*), consiste à enlever un cylindre d'écorce au sommet d'une branche du sujet, que l'on vient de couper en travers et de le remplacer par un long anneau d'écorce semblable quant aux dimensions, afin de recouvrir étroitement la portion de bois dénudée. On pratique quelquefois cette espèce de greffe sur les mûriers, mais en la modifiant légèrement, alors, au lieu d'enlever un cylindre d'écorce au sommet d'une branche coupée en travers, on coupe l'écorce en lumière de 4 à 6 centimètres, qu'on laisse sur place, puis on recouvre la portion dénudée du bois par un cylindre d'écorce de grandeur proportionnelle et munie de bourgeons.

La **greffe en couronne** est moins pratiquée qu'anciennement; elle consiste à couper en travers une branche d'un volume quelconque, à détacher avec précaution circulairement l'écorce du bois, et à y engager de petits rameaux de l'année précédente, taillés en bec de clarinette ou bien mieux en coin ; puis on serre le tout avec un lien convenable. On parvient par ce moyen à régénérer souvent de vieux troncs et à leur donner, au bout de peu d'années , une charpente convenable.

La **greffe herbacée** , employée depuis peu d'années; consiste à faire usage de rameaux tendres et succulents, au lieu de rameaux déjà assez durs de l'année précédente. On les implante sur le sujet (également herbacé) taillé en coin , ou dans d'autres cas en bec de clarinette, dans le lieu où se serait développé un jeune rameau. On fixe avec un léger lien de laine, de manière à ce que le vent ne puisse déplacer les parties. On greffe de cette manière les arbres verts, et plutôt par curiosité que par utilité des *Tomates* sur des *Pommes de terre*. -- Ici se termine ce qu'il y a d'important sur trois organes composés; essentiels du végétal, — 1° la *Racine* ; — 2° la *Tige et ses ramifications* ; — 3° la *Feuille et le Bourgeon*. Passons actuellement à l'appareil floral.

Tant que la plante herbacée ou ligneuse ne reçoit pas une nourriture assez substantielle, elle continue à développer des rameaux feuillés, mais lorsqu'elle a accumulé certaines proportions de substances moins acqueuses, elle tend à transformer ses rameaux en organes floraux, puis à fructifier. Alors si c'est une plante herbacée tout l'individu (ou plutôt l'ensemble d'individus,) meurt (Plante annuelle). Si au contraire le végétal est d'une texture plus ferme, qu'il soit ligneux , ce ne sont que les parties transformées des organes floraux qui périssent après s'être épuisés par la fructification, tandis que les autres continuent leur vie herbacée, jusqu'à ce qu'atteignant à leur tour l'état adulte, ils fructifient et meurent ; et pour revenir sur la république vraiment socialiste végétale, nous voyons des individus mourir sur cet arbre jusqu'à ce que cet ensemble d'individus, vraiment nourris et alimenté en commun, périsse en entier.

BRACTÉE.

La métamorphose des rameaux et de l'organe foliacé ne s'opère pas le plus souvent d'une manière brusque, car les bractées sont quelquefois peu distinctes des véritables feuilles. A mesure que ces dernières s'observent vers l'extrémité supérieure d'une plante, elles deviennent en général plus étroites, plus pointues, elles se déforment plus ou moins sensiblement, le pétiole se raccourcit, la lame prend une nature souvent plus ou moins sèche ou plus colorée, c'est en un mot *la bractée*. — L'analogie de la bractée et de la feuille est démontrée : 1° Par l'identité de leur position à l'égard de la tige et de ses ramifications, puisque l'une et l'autre ont un rameau à leur aisselle. — 2° Par les plantes qui offrent un passage gradué des feuilles parfaites aux bractées proprement dites, par une succession de feuilles de plus en plus altérées. — Les bractées sont généralement plus petites que les feuilles et souvent de la même couleur qu'elles. L'altération des feuilles dans le voisinage des fleurs est facile à expliquer, surtout si l'on considère qu'elle consiste presque toujours à amoindrir et à simplifier leur forme. — Lorsque les fleurs se développent en grand nombre les bractées sont souvent à peine visibles (*Ombellacées, Jacinthe*). Quelquefois elles manquent complètement (*Cruciacées*), dans le genre *Ail* et dans quelques *Amaryllisacées* la bractée est assez grande pour envelopper toutes les fleurs. — D'un autre côté, lorsque les fleurs avortent les bractées prennent parfois un grand développement (*Sauge Hormin*), dans ce dernier cas elles se colorent en bleu ou en rose. Les bractées n'étant que des feuilles modifiées, en affectent toutes les formes ; parfois on ne peut les distinguer des feuilles, que par leur dimension. Dans quelques plantes elles sont diversement colorées (*Sauge éclatante, S. à bractées*), elles sont de la couleur des sépales et des pétales. Elles sont ʙʟᴀɴᴄʜᴇs et presque charnues dans les *Calla*, presque Fᴏʟɪᴀᴄᴇ́ᴇs dans le *P'ed de veau* (*Arum*), Mᴇᴍʙʀᴀɴᴇᴜsᴇs dans les *Ognons*, les *Porreaux*, les *Narcisses*.

La bractée qui porte à son aisselle une seule fleur prend le nom diminutif de Bʀᴀᴄᴛᴇ́ᴏʟᴇ. Souvent les deux modifications existent en même temps; ainsi dans les *Dahlies*, *Zinnies*, les *Tagètes*, ou *OEillet d'Inde*, une réunion d'un certain nombre de bractées entoure le capitule (1) et chaque fleur est séparée de sa voisine par une lame très-variée de forme et de couleur, qui est la Bʀᴀᴄᴛᴇ́ᴏʟᴇ (2).

Lorsque la lame de la feuille avorte dans sa transformation en bractée ou bractéole, le seul pétiole et ses stipules (s'il en existe) qui lui sont adhérentes s'élargissent, c'est ce qui est très-visible dans les *Roses*. D'autres fois les stipules seules existent (*Bractéoles des Violettes*), et enfin dans les *Hélianthèmes* la feuille bractée est réduite à une seule des stipules, qui alors est latérale.

FLEUR.

La fleur est la partie de la plante la plus remarquée, parce qu'elle frappe les yeux la première, en étant la partie la plus apparente. Elle est caractérisée essentiellement par les organes de la fructification, parce qu'elle ne produit plus de ramifications et qu'elle se termine par les embryons (3).

---

(1) Réunion de plusieurs fleurs, qui vulgairement sont regardées comme une seule fleur *Synanthéracées* ou *composées. Dipsacées*).

(2) Cet organe a reçu aussi le nom de *paillette*, *écaille*, *squamme*.

(3) Les embryons constituent ordinairement autant de graines. Il est très-rare que ces embryons se métamorphosent en feuille, et ce n'est qu'accidentel, mais cela prouve au moins que l'embryon est la dernière ramification de la plante ou plutôt de l'un des individus comme greffés et formant un tout commun.

Le rameau floral naît, comme le rameau feuillée, à l'aisselle d'une feuille plus ou moins modifiée que nous avons dit avoir reçu les noms de *bractée* ou de *bractéole*, lesquelles dans quelques cas manquent complètement. La dernière ramification du rameau floral est souvent munie d'un support commun qu'on nomme PÉDONCULE (commun à plusieurs fleurs), et si ce rameau se ramifie, sa dernière ramification prend le nom de PÉDICELLE (ou support propre à une seule fleur). Au sommet de cette dernière ramification se trouve donc la fleur proprement dite, constituée si elle est complète par les SÉPALES, plus intérieurement par les PÉTALES, en troisième ordre les ÉTAMINES, et enfin le ou les CARPELS. Si les organes constitutifs de la fleur ne sont que des modifications et des agglomérations de la feuille, et le botaniste observateur ne peut en douter, on doit en retrouver le mode de croissance et la disposition sur l'axe de la fleur ; c'est effectivement ce qui s'observe facilement dans les déformations accidentelles de ce brillant appareil, et malgré que les organes floraux se présentent ordinairement à nous sous l'apparence de cercles très-rapprochés les uns des autres, ils décrivent en réalité autant de spires très-basses, rarement distantes les unes des autres.

La nature nous présente parfois le retour des organes floraux à leur première destination (foliaire) (*Anémone Sylvie, OEillets, Rosiers*), et sur deux rameaux du même individu, nous trouvons l'un à l'état normal et l'autre complètement déformé, sans que nous sachions en apprécier, ni en expliquer la cause. — On sait qu'un jet simple d'une année (une branche), porte un certain nombre de feuilles, le plus souvent disposées en spirale simple. Supposons qu'il porte 20 feuilles et qu'elles soient disposées par spires de 5. Les 5 inférieures deviendront les sépales, les 5 suivantes constitueront les pétales, les 5 suivantes formeront les étamines, et enfin les 5 supérieures les car-

pels. Supposons aussi que l'axe de chaque spire se con-
tracte fortement, tandis que la portion d'axe qui se trouve
entre chacune d'elles conserve un certain allongement,
alors les quatre spires se réduisent à des apparences d'anneaux (*Verticilles*) espacés les uns des autres. Enfin que
l'intervalle qui reste nu entre chaque spire contractée (en
apparence en cercle) se raccourcisse, et nous aurons l'appareil floral avec son apparence ordinaire dans les fleurs.

Ce qui vient d'être présenté comme idéal, se confirme
dans un grand nombre de cas. Ainsi dans le genre *Silène*,
les sépales sont distants des pétales par l'allongement de
l'axe de la fleur entre ces deux spires (cercles en apparence). Dans les *Cléomes*, les étamines naissent à une distance
marquée des pétales, les *Capriers* présentent leurs carpels
à une distance très-marquée des étamines et des pétales.
On peut concevoir maintenant que, la contraction de l'axe
croissant, les éléments de chacune des spires florales vienne
à s'unir entre eux, par exemple les sépales, et on aura un
tube ordinairement couronné par autant de lames qu'il
sera constitué par un nombre déterminé de sépales. Il
peut en être de même pour les trois autres rangs d'organes floraux plus intérieurs, et on aura des SÉPALES UNIS
(très-improprement nommés dans leur ensemble un calice
monosépale ou monophylle). Les pétales pourront aussi
être unis plus ou moins et alors nous dirons que ces PÉTA-
LES SONT UNIS (et pour beaucoup trop de botanistes, la corolle sera dite monopétale ou gamopétale). Les ÉTAMINES
seront UNIES (et alors elles sont pour les botanistes monadelphes, diadelphes, etc.). Enfin les *carpels unis* (pour
eux) constitueront un seul ovaire (idée évidemment fausse).

Mais allons plus loin : supposons que ces spires (cercles
en apparence) se soudent les unes aux autres, et alors
nous dirons que les pétales sont adhérents aux sépales
(*Amygdalacées*). Beaucoup trop de botaniste ont pris ici
l'apparence pour le fait et on dit que les pétales naissaient

de dessus les sépales, et ils ont nommé cela les pétales in-
sérés sur le calice ou des étamines périgynes. Si les quatre
spires d'organes sont adhérentes les unes aux autres, ils
ont dit que les étamines naissaient de dessus les carpels,
avec la dénomination de *épigynes*. Toutes ces manières
d'envisager l'appareil floral sont évidemment fausses, et
tant qu'on suivra cette marche, on ne saura jamais se rendre compte de la construction normale du fruit, surtout
lorsqu'il est compliqué des organes floraux plus ou moins
persistants et surtout adhérents.

Nous ignorons presque complètement encore quelle est
la cause prédisposante qui détermine dans les plantes la
transformation des organes foliacés en fleurs. Il n'y a rien
de fixe sur l'âge auquel les plantes fleurissent, on sait seulement que la chaleur influe sensiblement sur elles, ainsi
une même espèce fleurit plus jeune dans les pays chauds
que dans les contrées froides. Cette première loi est souvent contrariée : ainsi, les plantes trop arrosées ou placées
dans un terrain contenant trop de débris organiques, tendent à développer beaucoup de feuilles et elles fleurissent plus tard. C'est probablement aussi par la même raison que les boutures tendent à fleurir plutôt que si elles
étaient encore fixées à la mère plante. — Les jardiniers
forcent aussi la fleuraison des arbres en leur enlevant quelques racines. Dans les Indes-Orientales on déchausse les
racines de ces mêmes arbres, pendant la grande chaleur
lorsqu'on veut les faire fructifier. Les plantes qu'on a trans-
portées fleurissent aussi mieux la première année que les
autres. Il est donc probable que la diminution de nourriture aqueuse en est la cause.

Lorsqu'un végétal, dont la vie dure un certain nombre
d'années, a commencé à fleurir, il continue annuellement
à développer ses fleurs, si la fructification est assez précoce
pour lui laisser le temps de préparer ses bourgeons à fleurs
pour l'année suivante; mais lorsqu'il a porté beaucoup de

fruits, il arrive ordinairement qu'il est stérile l'année suivante. On sait que dans le nord de l'Europe la récolte des olives se faisant tard, celle de l'année suivante manque et se trouve ainsi bisannuelle. Les *Poiriers* et les *Pommiers* sont à peu près dans le même cas, tandis que les *Cerisiers* et les *Groseillers*, dont les fruits se recueillent de bonne heure en produisent également chaque année. Pour que la fleuraison puisse s'opérer, il doit y avoir une certaine quantité de nourriture accumulée, ce qui exige un temps plus ou moins considérable. Jusqu'à ce que le dépôt ait eu lieu, la plante ne fleurit pas, quoique exposée à une température supérieure à celle qui détermine la fleuraison ordinaire.

La température est l'une des causes bien connues du développement des fleurs, car celles de nos climats se montrent plutôt dans les années chaudes que dans les froides ; les plantes mises en serre y fleurissent plutôt qu'en plein air, portées dans un climat plus chaud, leur fleuraison y est encore plus accélérée, dans un climat plus froid, elle est retardée. M. Auguste Saint-Hilaire a vu le 1er avril (1816), les *Pêchers* encore sans fleurs à Brest, le 8 ils étaient entièrement fleuris à Lisbonne, le 26 les Pêches étaient formées à Madère, le 27 à Ténériffe elles étaient mûres. M. Schubler a constaté un fait semblable sur l'*Amandier* qui fleurit dans la première moitié de février à Smyrne, dans la seconde moitié d'avril en Allemagne, et à Christiana dans les premiers jours de juin. — Il est probable aussi qu'un certain état électrique de l'atmosphère influe puissamment sur la fleuraison.

Lors même qu'on supposerait connues toutes les causes météorologiques, qui modifient l'apparition des fleurs, il faudrait encore tenir compte de la nature propre des individus, laquelle n'est point étrangère à l'accomplissement de ce phénomène. Ainsi des *Marroniers d'Inde* se feuillent et fleurissent régulièrement chaque année quinze jours avant d'autres. Cette disposition se perpétue par les boutures et par la greffe. — Parmi les causes inhérentes aux espèces, et qui peuvent modifier l'époque des fleuraisons, il faut surtout pour les végétaux cultivés, compter la durée et l'abondance plus ou moins grandes des fruits que porte l'arbre. Tant qu'ils y restent ils attirent la sève, et les bourgeons des fleurs futures sont mal nourris, c'est par ce motif qu'on détermine la fleuraison plus abondante des rosiers en coupant les jeunes fruits immédiatement après la fleuraison. C'est peut-être aussi parce qu'on cultive plus de *Dahlies* doubles, et qui portent rarement des fruits, que la fleuraison de ces plantes s'est avancée depuis qu'on les cultive en Europe. En effet, dans les *Dahlies* simples, la plante est longtemps occupée à nourrir ses graines, et ne peut pas déposer beaucoup d'aliment dans ses racines, tandis que l'inverse à lieu dans les *Dahlies* doubles. Comme il s'établit chaque année une certaine moyenne de température pour chaque mois dans tous les lieux, il en résulte qu'en général chaque espèce de plante fleurit à une époque assez déterminée.

Ainsi, en résumant ce que nous avons dit : la première rangée d'organes floraux est formé de pièces tantôt libres, tantôt unies, que nous appelons SÉPALES (1). Ces organes manquent rarement, et s'ils existent sans le deuxième rang (ou sans les pétales), nous le nommons constamment sépales et nous indiquons sous quelle apparence ils se présentent.

Le deuxième rang d'organes d'une fleur complète est constitué par les PÉTALES (2). Ces organes manquent quelquefois. Ils peuvent être libres, unis ou adhérents.

---

(1) C'est le *calice* de beaucoup de botanistes. Ce mot pour nous est devenu complètement inutile.

(2) C'est la *corolle* des botanistes, mot que nous abandonrons complètement aussi.

Le troisième rang est constitué par les ÉTAMINES (aussi libres, unies ou adhérentes) (1). Cette rangée manque quelquefois.

C'est dans le quatrième rang d'organes que les dénominations sont encore bien autrement embrouillées. Cette rangée centrale a été nommé pistil quand le carpel est seul ou quand il y en a plusieurs unis, et on a donné le même nom quand les organes qui lui sont extérieurs ont été soudés à l'organe central. (Voir le développement de l'article carpel à son lieu).

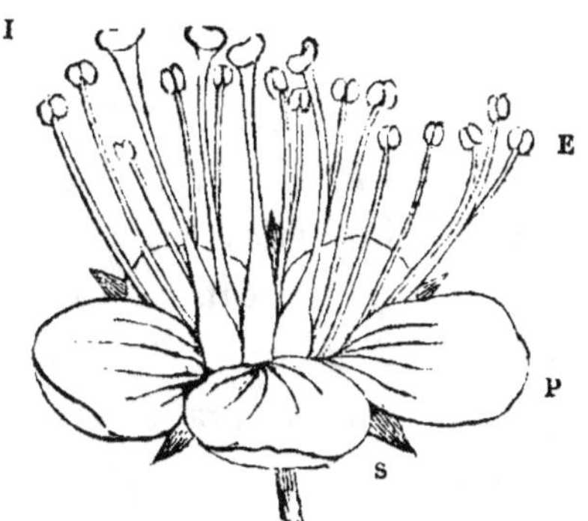

FLEUR COMPLÈTE ET RÉGULIÈRE, formée de 5 sépales (s), 5 pétales libres et presque circulaires (P), étamines libres en nombre indéfini (E) et enfin de 4 carpels libres, dont le carpe est en forme de fuseau, le style aussi long que les étamines et enfin chacun d'eux est terminé par un assez gros stigmate. — Ce sont nos FILETS LIBRES (*Hypogynes* de Juss. et *Thalamiflores* de de Cand.) Ainsi que les deux exemples suivants.

-----

(1) C'est l'*androcée* de quelque botaniste, expression qui heureusement n'a pas fait fortune dans la science, car c'est encore un de ces innombrables mots botaniques entièrement superflus. Si ces étamines sont unies en un faisceau elles sont monadelphes pour la majorité des botanistes; elles sont dites diadelphes lorsqu'elles sont soudées en 2 faisceaux, etc., tandis que nous nous contentons de dire que les étamines sont libres, ou unies en deux ou trois faisceaux, expressions entendues de tout le monde.

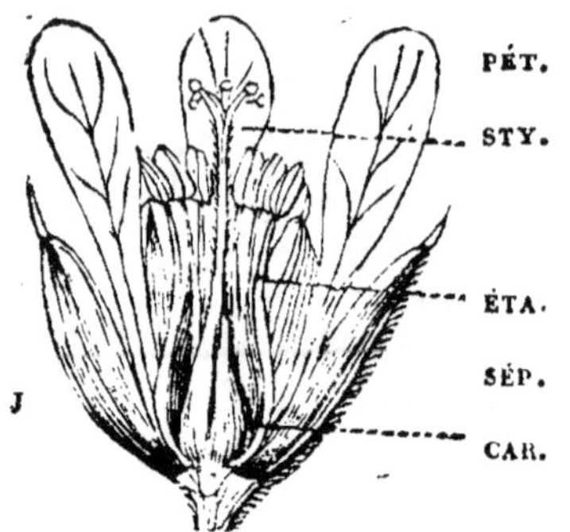

Autre FLEUR COMPLÈTE dont on a enlevé la partie antérieure pour montrer les carpels. D'ailleurs les sépals sont libres ainsi que les pétales oboval-spatulés. Les étamines sont aussi libres, et les carpels sont unis par leur carpe et la plus grande partie du style, et enfin les stygmates qui les terminent sont libres.

Coupe longitudinale d'une FLEUR COMPLÈTE présentant en s ses sépals, en p les pétales, e étamines, et a un grand nombre de carpels. Tous ces organes sont libres.

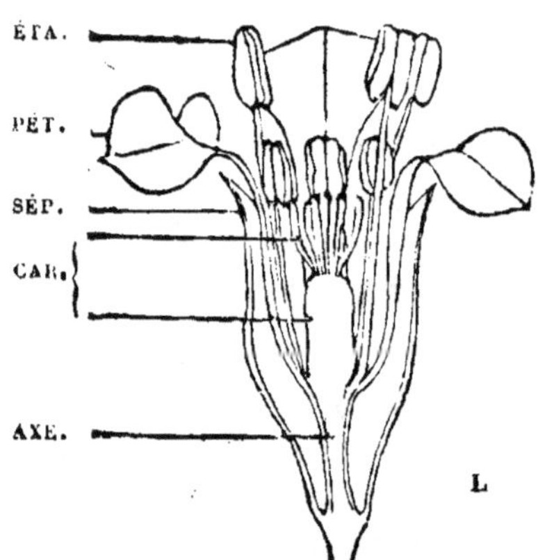

FLEUR COMPLÈTE ET RÉGULIÈRE dont on a enlevé la partie antérieure. Les sépals sont unis, les pétales libres sont longuement onguiculés. Les étamines libres sont sur deux rangs, alternativement longues et courtes. Les carpels sont unis en capitel oblong, surmonté de styles libres. — Cette disposition constitue nos FILETS LIBRES (*Thalamiflores* de Cand. *Hypogynes* de Juss.) Mais ici l'axe floral est nu entre les sépales et les pétales.

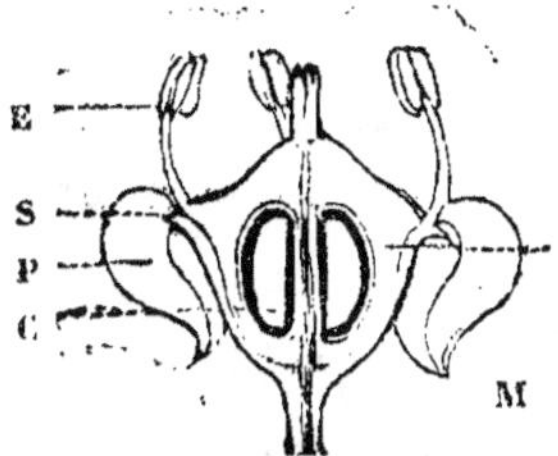

Fleur complète, dont on a enlevé la partie antérieure. En s sont les sépales unis et adhérents aux autres organes, leur tube est campanulé et sans lames visibles tant leur union est complète. — p pétales libres (entre eux) mais adhérents aux sépals et aux carpels. — e étamines dont la moitié inférieure est adhérente aux autres organes floraux et le reste libre. — c deux carpels (visibles) unis par leur carpe, leur style et leur stigmate. C'est en conséquence une fleur à filets CARPOSÉPALES (*Epigyne* des auteurs, et quelquefois *Périgynes.*)

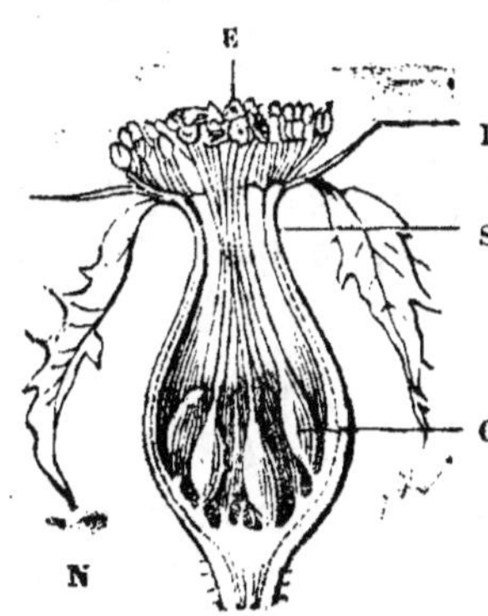

Fleur complète régulière, dont les carpels seuls sont libres, tandis que les sépales sont unis. La base des pétales et des étamines devient charnue, ainsi que le tube des sépales auxquels les deux autres organes adhérent. Tous persistent et deviennent charnus. C'est un exemple de nos FILETS SEPALES.

Cet état de la fleur a été mal saisi par beaucoup de botanistes, qui ont regardé le *cinorrhodon* comme l'*ovaire* des *Roses.* Les véritables ovaires (pour ceux qui tiennent à ce mot) sont les corps oblongs qui se trouvent au milieu de cet appareil floral, coupé longitudinalement. Ce qui le prouve, c'est que chacun d'eux est surmonté d'un long style et d'un stigmate, tandis que tout le reste est formé du tube des sépales, persistant et charnu, et de la base des pétales et des étamines aussi charnue. Ainsi, ce que

l'on nomme vulgairement fruit du rosier n'est réellement
pas lui, mais bien les corps qui occupent le centre (de
la figure) et que les jardiniers désignent improprement
sous le nom de graines.

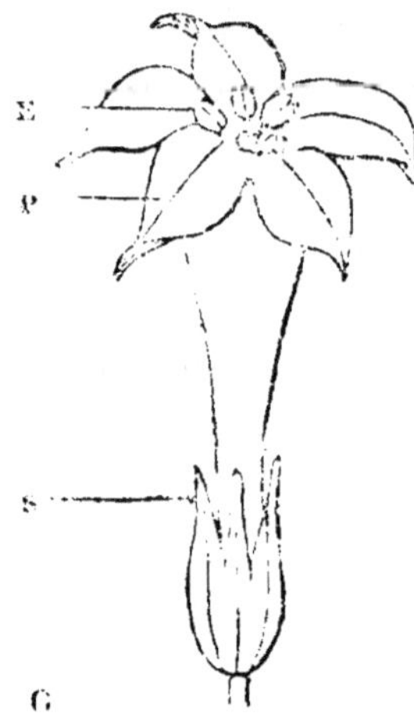

Fleur complète régulière de la *Ni-
cotiane Tabac* (*Nicotiana Tabacum*).—
Sépales unis dans leur moitié inférieure en tube campanulé, surmonté de leurs lames linéaires-oblongues
ascendantes et entières. En dedans
sont 5 sépales, aussi unis en tube
s'évasant graduellement et couronné par les 5 lames ovales acumi-
nées, entières et étalées. — e étamines adhérentes à presque tout le
tube des pétales, dont les anthères
dépassent l'orifice Cette manière d'être nous a fourni
l'ordre des FILETS-PÉTALES.

Les figures o et p représentent un grand groupe très-
naturel de Dicotylés collamellaires, bien caractérisé par
l'union des sépales (libres d'adhérences), tandis que les
étamines adhèrent plus ou moins haut aux pétales unis.
Cette manière d'être de la fleur a été désignée par de
Candolle par le mot *corolliflore*. d'autres ont dit que
les étamines étaient *insérées sur la corolle*, et enfin on a
nommé cet état *monoépipétalie*. D'ailleurs au centre de
ces fleurs se trouvent 2-5 carpels unis par leur carpe,
leur style et souvent leur stigmate, mais nullement
adhérents.

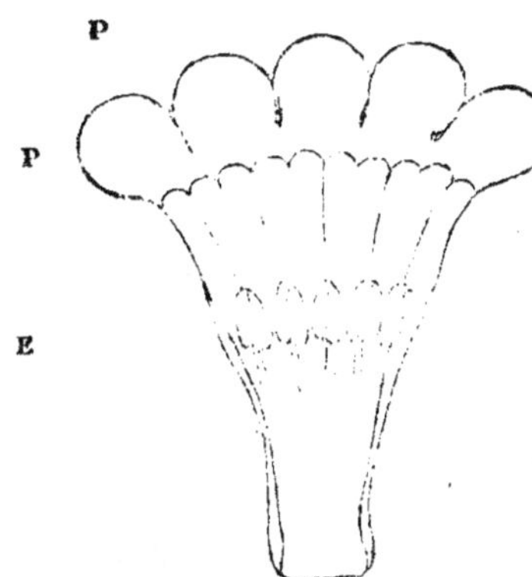

Pétalés unis dans une grande étendue de leur longueur, et formant un tube en enton noir, fendu artificiellement et couronné par les 5 lames obtuses et presque circulaires (p) — Étamines adhérentes au tube par la presque totalité de leurs filets moitié moins long que le tube. Cette disposition des étamines étant la même que la précédente constitue aussi nos FILETS PÉTALES.

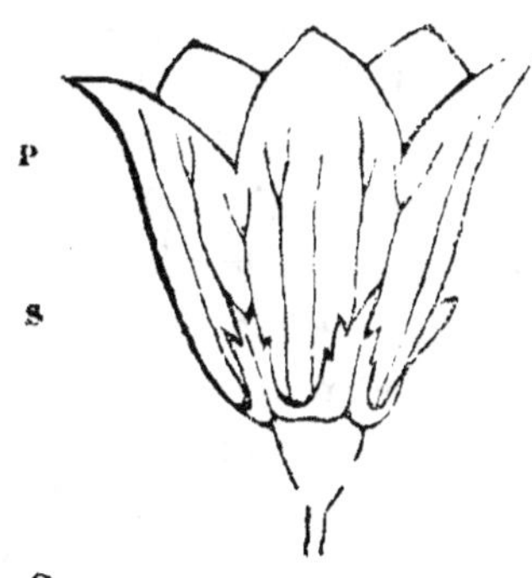

FILETS PÉTALO-CARPO-SÉPALES. Filets des étamines adhérents aux carpels, aux sépales et aux pétales, qui tous, d'ailleurs, sont respectivement unis (entre eux) (*Campanulacées*). Cet état constitue notre ordre FILETS PÉTALO-CARPO-SÉPALES.

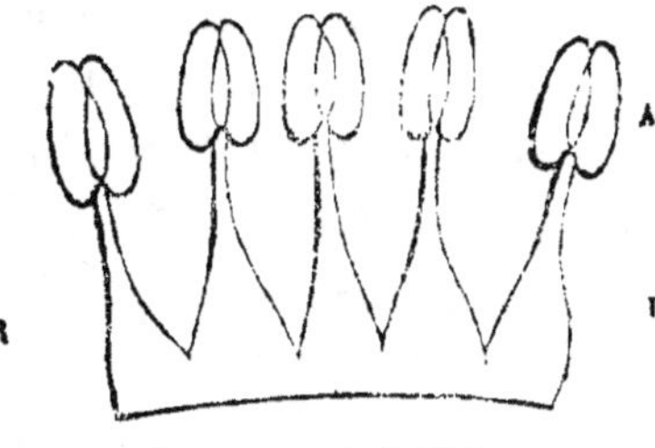

FILETS UNIS. Filets des étamines unis (entre eux), plus ou moins haut, par leur base. (C'est ce que les botanistes ont désigné par le mot de *monadelphes*, ou unies en un seul faisceau ; *diadelphes* en deux, *triadelphes* en trois, et *polyadelphes* en un nombre indéterminé de faisceaux).

SÉPALES (1).

Ces organes, ordinairement foliacés (ainsi que la bractée et la bractéole), forment la première spire de l'appareil floral. Ils manquent rarement. Ils sont au nombre de 5 ou 4, rarement 2 dans les DICOTYLÉS, 3 dans les MONOCOTYLÉS, où souvent leur apparence pétaloïde les fait méconnaître. Ils sont ordinairement sessiles, persistants ou caducs, libres ou unis ; s'ils sont libres, ils affectent la plupart des formes de la feuille simple ; s'ils sont unis, ils présentent par leur soudure un tube plus ou moins grand, suivant la hauteur qu'atteint cette soudure. Dans tous les cas ils peuvent être caducs ou persistants, sans s'accroître ou en s'accroissant. Dans le cas d'union des sépales, la partie libre de chacun d'eux en est la lame (ou limbe, dents, lobes), qui peut affecter un assez grand nombre de formes, de consistance, etc. Ces lames peuvent être affleurées les unes aux autres et alors les sépales sont dits bord à bord (*Tilleul*). Elles sont dites *irrégulièrement bord sur bord*, lorsque ces sépales sont tantôt en dedans, d'autrefois en dehors, et d'autres présentant un bord recouvert par celui du voisin ou le recouvrant. D'autres fois elles sont *régulièrement bord sur bord,* c'est-à-dire qu'un bord est en dehors et l'autre en dedans, et régulièrement ainsi pour les autres (c'est ce que les botanistes nomment une estivation tordue).

Cependant il est nécessaire de prévenir que par leur adhérence avec les carpels, leur présence peut paraître incertaine dans plusieurs cas (les *Ombellacées,* par exemple, où leur union complète et leur adhérence avec les organes plus intérieurs les rendent invisibles). Il est indispensable de bien s'entendre sur quelques expressions que j'emploie

---

(1) Ces organes dans leur ensemble sont désignés par la plupart des botanistes sous la dénomination de *calice.*

souvent. J'entends par LIBRE, des sépales qui n'ont aucune union (entre eux), ni d'adhérence (soudure), avec les autres organes. ADHÉRENT, libres ou unis les uns aux autres, mais soudés aux organes d'un autre nom que le leur, ainsi les sépales sont adhérents avec les carpels dans les POMACÉES, et en outre leur tube s'accroît considérablement en largeur et en hauteur (il forme la pelure). Dans le cas d'irrégularité, surtout des lames, on peut désigner la position de ces lames : ainsi dans les LABIACÉES, elles sont divisées en deux lèvres, une supérieure formée de 3 lames et 2 inférieures. Ces lèvres et leurs lobes sont souvent très-importants à désigner très-nettement, d'ailleurs les lames et le tube des sépales affectent diverses modifications que les descriptions spécifiques feront facilement comprendre.

PÉTALES (1).

Ce sont ces organes, souvent d'une grande élégance, presque demi-charnus, très-diversement modifiés et colorés qui forment le second rang de l'appareil floral. Les pétales manquent plus souvent que les sépales et sont beaucoup plus fugaces qu'eux. Ils paraissent avoir de plus grands rapports avec les étamines qu'avec les sépales, car les étamines ont une grande tendance à se métamorphoser en pétales (c'est alors ce que l'on nomme *fleur double ou pleine*). Ces organes grandissent toujours avec le bouton et parfois même après lui (*Roses*). Presque tout ce qui a été dit des sépales s'applique aux pétales. Ainsi ils peuvent être libres, unis ou adhérents. Les diverses formes décrites à l'article feuille peuvent leur être appliquées. Ils persistent, se fanent sur place en tombant tard

---

(1) Ou *Corolle*, qu'ils soient libres, unis ou adhérents.

(*Violette*) (1). Ils peuvent être semblables (entre eux), et
la fleur est dite régulière, ou bien dissemblables et la fleur
est irrégulière (*Violette*). Ils peuvent être semblables lorsqu'ils sont libres ou leur lame lorsqu'ils sont unis irrégulièrement bord sur bord (*Rose*), ou régulièrement bord sur
bord (*Laurier rose*), très-rarement bord à bord. Le pétale
plus souvent que le sépale a un support marqué (pour
ainsi dire le pétiole), et qui dans cet organe a reçu le nom
d'ONGLET.

La jonction de la lame à l'onglet est parfois munie d'appendices (quelques *Silènes*, *Lychnis*, *Bourache*), d'autrefois de houpes de poils (pétales latéraux des violettes).
Dans le cas d'irrégularité de la fleur, la position des pétales
relativement à l'axe des fleurs et aux sépales, offre de bons
caractères de familles, de genres, d'espèces. (Voir tous ces
détails aux descriptions.)

Le point de départ des pétales a lieu toujours réellement
sous le ou les carpels et au-dessous des étamines, mais par
les diverses adhérences qu'elles peuvent contracter (avec
les organes plus extérieurs surtout) elles sont regardées
(faussement) comme naissant du tube des sépales (*Amygdalacées*, *Potentillacées*). De cette apparence sont nées les
dénominations (superflues et fausses) de *périgynes, caliciflores*. Quand les pétales sont adhérents au tube des sépales
ils se désarticulent au point où ils cessent d'adhérer, mais
il ne faut pas croire qu'ils tombent entièrement, ils ne
font que de se désarticuler de la portion qui persiste et
concourent à la formation de la partie charnue de la *Rose*,
de la *Pomme*. La position relative des pétales est souvent
alternes avec les sépales , et il est peu de cas certains ou
ces deux organes se trouvent l'un devant l'autre (*Berberi-*

---

1) Ils ont reçu alors la dénomination de *marescents*.

sacées). Ces deux séries d'organes ne sont pas indispensables à la reproduction, mais ils protègent certainement la fructification. Ils peuvent manquer tous deux (*Saules*).

ÉTAMINE (*Stamen*).

Les étamines forment la troisième spire d'organes floraux (dans une fleur complète). Elles sont indispensables pour la reproduction naturelle de l'espèce, elles manquent quelquefois dans les fleurs, mais celles ci renferment cependant alors des carpels. Nous nommons les fleurs qui n'ont que des étamines des FLEURS ANTHÈRÉES. Cette modification florale est accompagnée dans la même espèce d'une autre fleur à *carpel*, soit sur le même individu que les ANTHÈRÉES (*Ricin*), soit sur un autre (*Mûrier*), mais dans le plus grand nombre des cas, la fleur est à étamines et à carpels, et alors nous la nommons CARPANTHÈRÉE (*Rose, Lis*).

L'étamine, non moins variable de forme et d'apparence que les sépales et les pétales, est constituée presque toujours par un FILET, espèce de pétiole ou pédicelle plus ou moins apparent. Celui-ci porte une ANTHÈRE, formée de deux poches diversement adossées et s'ouvrant le plus souvent chacune par une fente longitudinale, tantôt du côté du centre de la fleur ou vers le carpel (dite alors introrse par les botanistes), ou en dehors, c'est-à-dire du côté des pétales (extrorse).

Parfois l'anthère est surmontée d'un appendice, qui paraît n'être qu'un prolonge du filet plus ou moins modifié (*Violettes, Laurier-rose*). L'anthère s'ouvre aussi parfois au moyen de petits battants, qui se soulèvent brusquement (BERBÉRISACÉES, LAURACÉES). Quelquefois par un petit trou au sommet de chaque loge ou poche (*Morelle* ou *Solanum*).

Dans les genres de la famille des *Mélastomacées*, les loges

80

se terminent par un canal commun qui ne s'ouvre que par
un seul trou terminal. Il arrive aussi que les deux loges
sont tellement appliquées l'une contre l'autre, qu'elles
semblent s'ouvrir circulairement et ne paraissent présenter qu'une seule fente, mais l'anthère alors est demi-
circulaire ou en fer à cheval (*Scrofulaires*). Dans quelques
CUCURBITACÉES les anthères fortement appliquées, allongées
et très-contournées, semblent aussi n'être qu'à une loge,
mais elles en ont réellement deux. Elles sont parfois appliquées au filet auquel elles adhèrent fortement dans toute
leur longueur, d'autrefois elles n'y tiennent que par l'extrémité très-aiguë (*Grenadilles, Lis*). Dans tous les cas elles
ne s'ouvrent presque jamais que sur la face opposée à
celle où s'engage le filet, qu'on est convenu de nommer
le dos.

Dans les loges de l'anthère se trouve le POLLEN ou poussière fructifiante, dont les grains, en nombre très-consi-
dérable et qui flottent dans l'air (le plus souvent absolument invisibles), sont indispensables à la vivification de
l'embryon rudimentaire de la graine. La forme de ces globules varie beaucoup, ils sont sphériques, ovales, oblongs,
triangulaires, etc., etc., lisses, rugueux, gluants, etc., etc.

Dans le plus grand nombre des cas, les globules de pollen ressemblent à de très-fins granules de poussière ; dans
d'autres, ses grains restent agglomérés en un corps qui a
la forme de la loge, dans l'intérieur de laquelle il est contenu, on lui donne dans ce cas le nom de *masse pollinique*
(*Orchisacées, Asclépiasacées*). En général, il présente une
forme assez semblable dans chaque famille. On sait peu
de choses sur la formation du pollen, toutefois l'anthère
très-jeune présente à son intérieur une masse utriculeuse
distante de ses parois. Ces utricules s'isolent bientôt et fi-
nissent par former les granules du pollen. Il se pourrait
qu'il dut son origine au tissu utriculeux de la feuille modifiée. Par des observations microscopiques récentes, on a

aperçu dans ces globules de très-petits animaux, roulés en spires, munis d'une trompe et transparents, que l'on nomme SPIRILLES. Ils ont été observés dans les MUSCACÉES les MARCHANTIACÉES. et les CHARACÉES. D'ailleurs nos connaissances sous le point de vue de la reproduction sont extrêmement bornées et resteront probablement toujours pour nous un mystère.

Le filet, ou support de l'Anthère varie de longueur et de forme. En général il est plus long que l'Anthère. C'est le plus souvent lui qui dans les fleurs doubles se transforme en pétale, d'autres fois c'est l'Anthère (*Pavots.*) Il présente un certain nombre de formes et est quelquefois garni de poils, de glandes; mais le plus souvent il est chauve, blanchâtre et filiforme. Les étamines présentent les mêmes états de liberté, d'union, d'adhérence que les organes floraux qui les entourent; elles sont *libres* (*Renoncules*); unies par les filets (*Malvacées*); *adhérentes* aux sépales (*Roses*), *adhérentes* aux pétales (qui alors sont presque toujours unies (*Primulacées*); *adhérentes* aux pétales et aux carpels (*Pomacées*) d'ailleurs les étamines peuvent être libres entre elles mais *adhérentes* aux organes placés immédiatement près d'elles.

Dès longtemps les botanistes ont attaché une grande importance à la manière d'être des filets et des anthères à la proportion de leur longueur. Ainsi LINNÉ a dit que les étamines étaient *didynames* (*Labiacées*) lorsque deux des 4 étamines qui se rencontre le plus souvent dans cette famille, semblaient plus puissantes (par leur longueur). Il a désigné sous le nom de *Tétradynames* (*Cruciacées*) 6 étamines dont quatre plus longues. De JUSSIEU a dit que les étamines étaient *Hypogyne* (sous le carpel ou les carpels) lorsqu'elles ne tenaient qu'à l'axe floral, sans s'unir (entre elles) ni adhérer avec aucun autre organe floral (*Renonculacées*); de CANDOLLE les a aussi désignée dans ce même cas sous le nom de *Thalamiflores*. Nous nous contentons de dire qu'elles sont *libres* (d'union entre elles), et d'adhérence avec les organes qui les avoisinent. — De Jussieu a nommé *Perigyne* (autour du carpel) celles qui adhèrent aux sépales unis, (*Potentilles.*) Il a dit alors qu'elles étaient *implantées* ou *insérées* sur les sépales ou calice. Il a pris alors l'apparence pour la réalité, car les étamines naissent *toujours sous le ou les carpels.* De Candolle les a dites alors *Caliciflores.* Quant à nous elles sont simplement adhérentes aux sépales et par abbréviation elles constituent notre ordre des *filets sépals* (c'est à dire filets adhérents aux sépales). — De Jussieu a dit que les étamines étaient *épigynes* lorque leur adhérence aux carpels les présente comme naissant de dessus cet organe, idée non moins fausse que les périgynes. Les cas où les filets adhèrent aux carpels seuls est fort rare, nous n'en connaissons d'exemple que dans le genre *Nymphœa.* Ce sont nos Filets-carpels (le mot adhérent est sous entendu). — Les filets peuvent adhérer aux sépales et aux carpels et nous disons alors qu'ils sont Carpo-sépales. Quelques épigynes de de Jussieu, y répondent (*Pomacées*). — Nous avons employé l'épithète de filets Pétalo-carpo-sépales quand les filets adhèrent aux sépales et aux carpels et que les pétales (unis eux-mêmes) y adhèrent aussi (*Cucurbitacée, Campanulacées*). Nous désignons enfin sous le nom de Filets-pétales les végétaux dont les étamines adhèrent aux pétales (qui sont eux-mêmes unis) (*Personacées, Labiacées*), ce sont les corolliflores de de Candolle. — Nous avons donc dans les Dicotylés et dans les Monocotylés sept ordres, fort faciles à saisir.

1. Filets libres (*Hypogynes* Juss., *Thalamiflores* de de Candolle).
2. Filets unis (*Monadelphes, Diadelphes* et *Polyadelphes* de Linné).
3. Filets sépales (*Périgynes* de Jussieu, *Caliciflores* de de Candolle).

4. **Filets carpo-sépales** (quelques *Epigynes* de de Jussieu, *Caliciflores* de de Candolle).

5. **Filets pétalo-carpo-sépales** (quelques *Epigynes* de de Jussieu; *Caliciflores* de de Candolle).

6. **Filets pétales** (*Corolliflores* de de Candolle).

7. **Filets carpéls** (*Nymphæa*).

Dans les cinq derniers cas, après le mot filets, on doit sous entendre celui de *adhérent* et non *implanté* (dernière expression qui est évidemment fausse).

Les filets présentent, comme on vient de le voir des modifications très-importantes; les anthères en présentent beaucoup moins. Elles peuvent être libres, c'est le cas extrêmement fréquent, ou bien, elles sont unies (*Synanthéracées* ou *Composées*), tandis que dans ce même cas les filets peuvent en même temps être libres. Dans les *Cucurbitacées* les filets sont adhérents à tous les autres organes floraux, mais en outre ils sont unis deux à deux et le cinquième est libre d'union: Les anthères sont en outre unies en un seul faisceau encore plus intimement que dans les *Cucurbitacées*.

Quant au *Pollen*, que nous avons vu être la troisième partie constituante de l'étamine, en tombant sur le stigmate humide le globule dont il est formé se déchire et le liquide qu'il contient est absorbé et il va jusqu'aux très-jeunes graines, vivifier le rudiment organique que chacune contient. Ce liquide fructificateur ne passe pas par des canaux particuliers, mais il s'engage entre les vides (ou méats) que laissent les utricules et les fibrilles entre elles. Si cette fonction ne peut être accomplie avec des circonstances atmosphériques convenables les jeunes embryons ne peuvent se développer et la plante est stérile: c'est-à-dire ne porte point de graine. Je ne dis pas de fruits, car les fruits peuvent se développer et les graines manquer, c'est ce qui arrive assez souvent dans les *Poires*, les *Pommes*, le *Raisin* (qui sont alors sans pepins). Ainsi lorsqu'on dit que les *Céréales*, les Vignes ont coulé, cela signifie que les graines restent rudimentaires. Des pluies, des brouillards, qui entraînent le Pollen, ou de légères gelées qui détruisent la vitalité du stigmate ou du Pollen, empêchent les fleurs qui s'ouvrent un jour donné de recevoir l'excitation nécessaire pour développer la vitalité de la graine tout à fait rudimentaire. Les stigmates et les anthères n'ont qu'un instant de la journée pour que cette imprégnation puisse s'opérer. Les fleurs ouvertes de la veille deviennent inutiles le lendemain, et si plusieurs jours s'écoulent ainsi de suite la stérilité est complète.

La spiralité des organes aériens des plantes est encore sensible dans les anthères, s'il existe deux spires d'étamines, elles s'ouvrent successivement de la première à la cinquième du rang extérieur et ensuite de la première à la cinquième de la seconde spire. Les anthères s'ouvrent d'ailleurs ordinairement après l'épanouissement des pétales; mais plus rarement dans le bouton (ce qui arrive dans les *Companulacées*.

INTERMÈDE.

Nous aurions à faire connaître actuellement le carpel, mais auparavant il est nécessaire d'indiquer un organe en partie contesté, qui quelquefois se trouve entre les étamines et le carpel et que nous avons nommé intermède pour rappeler sa position intercallaire. Ce n'est pas qu'il manquât auparavant de noms, car on l'a désigné sous la dénomination de *Torus*, *Phicostème*, *bourrelet glanduleux*, *Nectaire*. Il est constitué soit par des étamines ou des pétales rudimentaires, soit par la base soudée et tuméfiée de ces organes. Il existe dans les Résédacées, les Ombellacées, et surtout dans les Pomacées, dont il forme la chair. Dans ces deux dernières familles, dans les Pomacées surtout, il

est certainement constitué par la base persistante des pétales et des étamines, qui acquiert souvent jusqu'à la maturité un grand développement. C'est la chair de la *Poire*,
de la *Pomme*, abstraction faite de sa pelure, qui est dû au
tube des sépales considérablement accru.

Cet intermède est LIBRE dans les CRUCIACÉES, les SALICA-
CÉES, les RÉSÉDACÉES. Il se présente souvent sous forme glanduleuse, plus ou moins IRRÉGULIÈRE, il paraît dû dans ces
cas à des rudiments d'organes. Il peut être dit ENTIER, lorsqu'il est constitué par un bourrelet charnu et glanduleux
qui entoure le ou les carpels (LABIACÉES, COBÉACÉES, ACÉ-
RACÉES). ADHÉRENT aux sépales, dont il tapisse la face interne du tube jusqu'à son orifice (*Rosiers*, AMYGDALACÉES).
Il n'est à peine charnu dans ce dernier cas qu'au moment
de la fleuraison. ADHÉRENT aux sépales et aux carpels dans
toute la famille des POMACÉES. — PERSISTANT dans les LA-
BIACÉES et les COBÉACÉES. — CADUC quand il tombe avec le
tube des sépales peu après la fleuraison (AMYGDALACÉES).
— ACCROISSANT comme dans les POMACÉES. — FLEXUEUX (CO-
BÉACÉES). — EN ANNEAU (LABIACÉES et PERSONNACÉES).

CARPEL

*(**Pistil** des botanistes, quand celui-ci est réduit à l'unité.)*

Le carpel, *vrai fruit pour le botaniste*, sous quelle apparence et forme qu'il puisse se présenter, n'est encore
qu'une modification de l'organe foliacé. C'est vraiment
une feuille diversement déformée, repliée sur sa face supérieure qui devient interne. Quand il est seul il est clos.
Les deux lamelles foliacées cessent rarement d'être distinctes, elles constituent celles du carpel. Sa surface extérieure présente le plus souvent des stomates (comme les
feuilles), et comme elles il produit de l'oxygène à la lumière. Les fruits du *Sterculier à feuilles de platane* offrent

l'exemple le plus frappant de la feuille carpellaire, ainsi que les *Pois* et les *Papilionacées* en général.

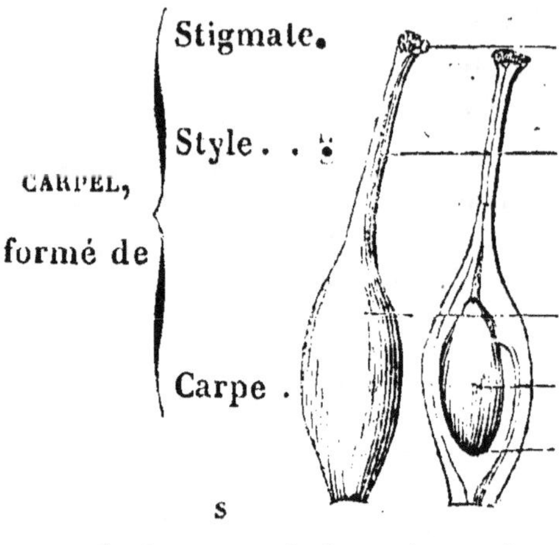

Carpels collamellaires, l'un entier, l'autre a été coupé en long pour montrer la graine qu'il renferme, c'est là le véritable fruit (ou pistil de quelques botanistes) quand ils sont unis, les auteurs leur ont donné le même nom, tandis que pour nous c'est un *capitel*, qui est alors constituée par la réunion de plusieurs carpels *provenant* d'une seule fleur.

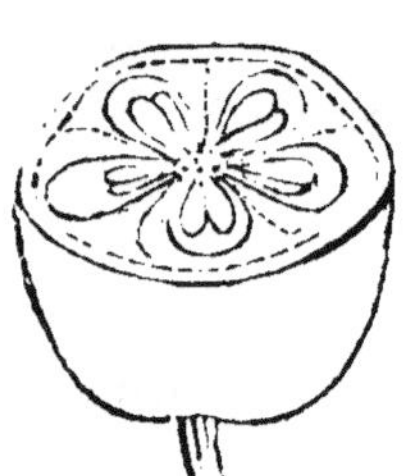

Capitel de CARPELS COLLAMELLAIRES.

Capitel de CARPELS ABLAMELLAIRES (ou graines pariétales). Cette ablamellarité nécessite l'union des carpels, les graines ne pouvant mûrir à l'air libre.

Le carpel, ainsi que la feuille, est tantôt élevé sur un support (*Baguenaudier*, *Sterculier*, etc.), mais le plus souvent, il est sessile (*Renoncules,*). Les rapports extérieurs entre la feuille et le carpel, ont conduit à regarder ces deux organes comme essentiellement identiques. Cette opinion est sortie de l'hypothèse par les observations microscopiques de MM. Guillard (1). Ces observateurs ont trouvé que le carpel des *Papilionacées* est primitivement une très-petite feuille, dont les bords sont écartés et que plus tard ils s'unissent. Dans les carpels des Ancolier (*Aquilegia*), des Hellebores (*Helleborus*), les bords écartés forment dans leur tendre jeunesse une cavité commune, mais bientôt chacun d'eux constitue une cavité propre, à la manière des *Papilionacées*. Ainsi la formation du carpel prouve encore que cet organe n'est qu'une feuille modifiée. Les fruits du *Sterculier à feuilles de Platane* en sont encore une preuve très-évidente. Les 5 carpels libres de chaque fleur sont presque sessiles d'abord, mais leur support ou pédicelle s'allonge graduellement avec le carpe, ceux-ci s'écartent peu à peu ; et lorsqu'ils ont acquis le volume d'un carpel de Pois, leurs bords portegraines se décolent l'un de l'autre, ils s'écartent, montrent des graines du volume de celles des Pois, et si le carpe était encore vert, il aurait l'apparence d'une feuille très-fibrée. Le carpe de la *Gesse des bois* (*Lathyrus sylvestris*) déformé, revenant à l'état des feuilles, est bordé en dedans de petites dents placées alternativement à droite et à gauche, et qui ne peuvent-être que les funicules en partie avortés. Des transformations semblables ont été également observés dans la *Fraxinelle*, les *Géranies*, les *Hellébores*, etc. Les feuilles du *Bryophylle* donnent aussi souvent naissance, non à des graines, mais à de nombreuses rosettes de feuilles, munies de racines en dessous. Il faut donc que la feuille possède un principe de reproduction bien mar-

---

(1) *Mémoire sur la formation et le développement des organes floraux* (1838).

qué, car les graines naissent presque toujours de l'extrême bord de la feuille carpellaire, et les feuilles du *Bryophille* développent d'autres feuilles de ces mêmes bords et en même temps des racines.

Les deux bords des lamelles carpellaires se gonflent le plus souvent en une double masse fibro-utriculaire plus ou moins marquée, qui est essentiellement la continuation des bords portegraines et qui constituent le style. Ces deux bords s'épanouissent enfin plus ou moins au sommet pour constituer le stigmate. Celui ci est l'organe absorbant du fluide contenu dans le pollen.

Le carpel varie énormément de forme, de consistance, d'apparence, de surface. Il nous présente les caractères les plus importants des familles, des genres, même souvent des espèces. Il offre les modifications les plus variées. Et si l'on joint à ses propres modifications, déjà innombrables, les complications par l'adhérence des organes qui l'entourent, il présente alors des complications nouvelles souvent embarrassantes pour les personnes qui ne l'observent qu'en fleur et ensuite à la maturité.

Trois parties, ordinairement très-distinctes par leur forme, le constituent le plus souvent, la partie inférieure, toujours la plus développée du carpel, celle qui contient les graines rudimentaires d'abord, est ce que nous désignons sous le nom de *Carpe*. Celui-ci est surmonté par un corps ordinairement mince, c'est le style; que nous avons déjà vu se terminer plus ou moins sensiblement par le stigmate. Ces deux dernières parties du même organe sont ordinairement peu durables. Elles ne servent que très-momentanément de corps absorbant et conducteur du fluide contenu dans le pollen. La première au contraire, le *Carpe*, est la partie essentielle, celle dans laquelle s'opère avec une lenteur indispensable la maturation ou nutrition de la graine fructifiée.

Ce CARPE est formé plus visiblement que la feuille, de trois couches d'organes élémentaires. L'extérieure (inférieure de la feuille) est ce que l'on nomme EXOCARPE, qui parfois est réduit à une membrane isolante munie ordinairement de stomates (la pellicule qui recouvre les *Prunes*, *Cerises*, *Pêchés*, etc.) La seconde ou MÉSOCARPE, souvent très-distincte, se trouve au dessous: c'est la portion un peu charnue de la gousse du *Pois*, de la *Fève*, elle est succulente dans les *Amygdalacées* en général. Enfin la plus intérieure (du carpe) est l'ENDOCARPE qui est très-distinct dans les *Amygdalacées* (dont elle constitue le noyau), elle est moins saisissable dans les *Pois* et les *Fèves*. Cependant dans les premiers, elle constitue la partie parcheminée qui tapisse l'intérieur des pois à écosser, dont nous ne pouvons manger la gousse, tandis que dans le *Pois* dit à *grande gousse* (Pois sans parchemin), où cet endocarpe est peu résistant, nous pouvons en faire usage comme aliment. Dans la *Fève* l'endocarpe porte des poils longs et serrés qui constituent l'un des principaux caractères de ce genre. Mais dans le plus grand nombre des cas, le *Carpel*, *toujours formé de ces trois couches*, sont tellement appliquées les unes sur les autres, qu'elles ne sont pas saisissables.

Dans la *Nigelle de Damas* l'exocarpe (partie externe du carpe), le mésocarpe (épaisseur moyenne ou du milieu), s'accroissent d'une manière très-ample, et constituent une parois (double) assez coriace, tandis que l'endocarpe (ou couche intérieure) purement membraneux, n'a pris que peu d'ampleur et touche presque les graines. Ainsi dans ce capitel (ou tête de fruit d'une même fleur) composé de 5 carpels clos séparément, au lieu de trouver 5 loges, on en aperçoit 10; cinq intérieures dans lesquelles sont les graines et 5 plus amples (extérieures) qui ne peuvent être que vides.

Ces trois couches sont souvent d'autant moins distinctes qu'on examine le carpe plus jeune ; ainsi dans la famille où ces trois parties sont les plus distinctes à la maturité (*Amygdalacées*), on peut couper le jeune fruit sans résistance aucune, 15 à 20 jours après l'épanouissement du bouton ; tandis que si on le coupe un mois et demi ou deux mois après, on apprécie facilement la différence de ces divers tissus, très-inégalement résistants au tranchant du scalpel. La consistance de ces trois couches d'organes dans les seules familles des *Amygdalacées* et des *Papilionacées* étant très-différente, on concevra que dans des familles bien tranchées , elle présentera encore plus de dissemblance. Ainsi le noyau (ou endocarpe) d'une amende ne ressemble pas à celui d'une pêche, d'une cerise, ainsi il n'y a guère de ressemblance pour la texture du carpe, entre celui d'une *Fève*, d'un *Pois*, du *Baguenaudier*, etc.

Je n'entre point, par ces aperçus botaniques, dans toutes les modifications que présentent les divers carpels, les dénominations qu'on leur applique sont presque toutes intelligibles pour tout le monde. D'ailleurs en consultant l'article *Feuille*, on trouvera l'explication de la plupart d'entre elles. Ainsi l'on comprend les mots : lisse, luisant, glauque ou glaucescent (vert d'*OEillet*), velu, velouté, rugueux , coriace, sec, parcheminé, mol, ligneux (de bois), etc., etc.

Quoique la nature des trois couches carpellaires soit d'un certain intérêt, nous attachons bien plus d'importance à l'écartement des deux bords portegraines d'un carpe, en opposition avec celui qui les présente rapprochés et unis. Ainsi nous nommons les premiers CARPES ABLAMELLAIRES, (*Violettes, Orobanches*) et les seconds COLLAMELLAIRES, (*Hellébores, Tulipes*).

Commençons par les derniers qui sont les plus fréquents.

1° Si un seul carpel se trouve dans une fleur il a nécessairement ses deux bords portegraines unis et nous avons
dit qu'il était Collamellaire. (*Papilionacées*, *Amygdalacées*).

2° Si plusieurs carpels (d'une même fleur) existent à la
fois ils peuvent êtres libres, et alors ils sont nécessairement Collamellaires (*Hellébores*, *Aconits*).

3° Si plusieurs carpels (d'une même fleur) sont unis, et
clos séparément, la tête de fruits ou capitel qu'ils forment
est nécessairement à plusieurs loges, (*Liliacées*, *Colchique*).

4° Si contrairement aux cas précédents, les bords portegraines d'un même carpel ne sont pas soudés (l'un à lau-
tre), mais que ces carpes soient unis les uns avec les autres par une portion plus ou moins large de leurs parois,
les carpels sont dits ablamellaires (lamelles écartées) et le
capitel est à une seule loge (*Violettes*, *Orobanches*) (c'est en
même temps ce que les botanistes nomment des graines
pariétales). Cette dénomination n'est d'ailleurs pas très-
heureuse quand elle s'applique aux *Papavéracées*, ou les
bords rentrants des carpes sont couverts de graines, tandis
que ce qui forme les véritables parois du capitel, n'en
portent pas.

Telles sont les *modifications fondamentales* que présen-
sentent les carpes; mais les têtes de fruits ou capitel
offrent des complications parfois très-embarrassantes, pour
les personnes qui n'ont pas étudié fondamentalement les
carpels, à cause de la persistance, l'agrandissement des
organes accessoires de la fleur et surtout par leur adhérence avec ces mêmes carpels.

MODIFICATIONS GÉNÉRALES DES COLLAMELLAIRES.

Dans les *Papilionacées*, cas très-simple, le carpe unique n'adhère à rien, les sépales seulement l'accompagnent sans changer de nature (les pétales tombent, les étamines unies se fanent sur place, et se réduisent en membrane).

Dans les *Amygdalacées*, cas aussi très-simple, le carpe unique devient ordinairement (ou plutôt une partie, le mésocarpe) charnu-succulent, le style s'est désarticulé à sa base, ainsi que tous les autres organes floraux.

Dans les *Renonculacées* les carpels nombreux (d'une même fleur ou capitel) sont libres, tout le reste de l'appareil floral a disparu, ces carpels ne renferment qu'une graine, ils ne s'ouvrent pas.

Dans les *Helléboracées* les carpels sont libres, leur style et leur stigmate persistent, ainsi que les sépales, rien n'est uni ni adhérent, ils s'ouvrent par désunion de leurs bords portegraines.

Dans les *Dauphinelles* tout l'appareil floral tombe excepté les carpels qui s'ouvrent, comme dans le cas précédent.

Dans les *Rosacées* (qui pour nous ne renferment plus que le genre *Rose*) nous voyons au centre un certain nombre de carpels; qui ne contiennent chacun qu'une graine et qui conséquemment ne s'ouvrent pas. Ceux-ci sont surmontés de leur style et de leur stigmate (tous persistants et tous libres). Mais ils sont presque entourés de la presque totalité des autres organes floraux, agrandis et devenus plus ou moins charnus. Le tube commun s'est accru, il forme ce que quelques auteurs nomment encore l'ovaire, mot beaucoup trop élastique pour nous et que tout botaniste exact doit abandonner. Ce tube a développé une texture un peu charnue. Les lames des sépales qui le couronnaient ont cessé de croître ou sont tombées. Ce tube d'ailleurs est doublé d'une seconde couche charnue, presque de même nature que lui. Elle est évidemment due à la base persistante des pétales et à celle des filets, mais dont la portion libre persiste jusqu'après la maturité.

Dans les *Pomacées*, il n'en est plus ainsi. Les carpels sont ordinairement au nombre de 5. Ils forment le capitel étoilé, qui se trouve au milieu de cet appareil, compliqué par l'adhérence de la totalité, ou d'une partie des organes floraux. Les carpels sont libres, mais étroitement entourés et plongés dans la base tuméfiée des pétales et des étamines qui a acquis un prodigieux développement. Tout ici a encore persisté excepté les lames des pétales.

Mais cette base de pétales et d'étamines ne devient pas toujours charnue ; elle ne sert pour ainsi dire que de soudure entre les sépales et les deux carpes des *Ombellacées*. (Nous reviendrons bientôt sur leurs fruits).

MODIFICATIONS GÉNÉRALES DES ABLAMELLAIRES.

Les carpels ablamellaires (jamais seuls et toujours unis) présentent moins de modifications, et quelques-unes d'entre elles leur sont particulières :

1° Les capitels des *Pavots* s'ouvrent seulement par le sommet du milieu du carpel, abstraction faite de leurs bords *portegraines* entre deux demi-languettes stigmatiques qui constituent un seul stigmate.

2° Dans les *Argémones* les carpels ne s'ouvrent que dans leur tiers supérieur environ, et les valves ou battants ne laissent que les deux demi bords carpellaires unis l'un à l'autre, ce qui forme comme d'élégants barreaux arqués d'une cage, couronnés par les stigmates racornis.

3° Dans les *Chélidoines* les quatre bords portegraines. appartenant aux deux carpels, restent unis de manière à former un petit cadre oblong, d'où se sont déchirés les deux valves.

4° Le même cas se présente dans les *Cruciacées*, avec cette seule différence que malgré que les deux carpels soient ablamellaires et que les deux valves se séparent de même, il reste pourtant entre les quatre bords portegraines, unis 2-2, une double cloison membraneuse qui, partant comme les graines des bords carpellaires, sont allées se réunir et se confondre.

5° Il y a moins d'exemple d'ablamellarité que de collamellarité, dont les carpels sont unis et adhérents aux organes extérieurs, cependant les *Orchisacées* en sont un exemple.

L'union des bords portegraines paraît plus intime dans les ablamellaires que dans les collamellaires, car il n'existe peut-être pas de désunion (ou ouverture) des carpels dans les ablamellaires par les bords portegraines.

Entrons encore dans quelques autres **particularités du carpe**, étudions la manière dont il s'ouvre (ou sa déhiscence).

Nous avons vu 1° que quelques carpels ne s'ouvrent à aucune époque de leur maturité, ils sont dits alors non-ouvrants (ou indéhiscents (*Renoncules*), malgré qu'ils soient secs.

2° Ceux qui sont charnus sont dans le même cas (*Cerises*, *Pêches*, etc.).

3° Ils s'ouvrent (ou sont déhiscents) par désunion des bords portegraines (*Hellébores*, *Pivoines*).

4. Par désunion des bords portegraines et déchirure de la dorsale (beaucoup de **Papillonacées**).

5° Par désunion des bords portegraines et de la dorsale (dans la plupart des **Liliacées**), mais alors deux demi-carpels restent unis chacun par la presque totalité d'une de leurs lamelles.

6° Seulement par le sommet à la dorsale et aux bords portegraines, et alors le capitel de carpels unis présente le double de dents ou valves qu'il y avait de carpels (**Silé-nacées**).

7° Cette même famille, ainsi que les **Primulacées**, présente une particularité toute spéciale , c'est que malgré que leurs carpels soient collamellaires, car les bords portegraines forment une colonne souvent courte, d'autrefois allongée au centre du capitel , malgré que ce capitel paraisse à une seule loge à la maturité; mais ici la partie rentrante des carpels est très-mince et elle s'oblitère facilement, tandis que très-jeunes on aperçoit des restes de ces parties rentrantes. (Dans la *Silène Armérie*, le capitel est manifestement à 3 loges inférieurement et à une seule en haut.)

8° L'ouverture des carpels libres ou unis se fait aussi parfois longitudinalement vers le milieu des faces du carpel (*Campêche*), et les deux portions carpellaires sont alors en forme de petit bateau. Dans le fond de l'un ne se trouve rien , c'est la dorsale ; dans le fond de l'autre (bords portegraines) se trouvent deux rangées de graines.

9° Dans les **Oxalis**, les carpels unis, garnis de graines dans toute leur longueur, ne s'ouvrent qu'aux dorsales conséquemment, la colonne des bords portegraines (séminifères), est munie longitudinalement d'assez larges ailes.

10° Dans la plupart des **Epilobiacées**, les carpels s'ouvrent aux dorsales et les parois rentrantes se rompent

longitudinalement, de manière à laisser les bords portegraines munis d'étroites ailes. D'ailleurs l'adhérence aux
carpes du tube commun n'empêche pas la rupture.

11° Dans les **Campanulacées,** où tous les organes
sont unis et adhérents, la rupture se fait d'une manière
toute particulière, l'ouverture de chaque carpel a lieu par
de petites languettes triangulaires placées presque vers le
milieu de chacun d'eux à la dorsale.

12° Dans le *Muflier commun (Antirrhinam majus),* les
deux carpels (l'un supérieur et l'autre inférieur) se rompent différemment ; le supérieur près de son sommet, par
un seul trou denté sur les bords, qui répond presque à la
fin de la dorsale, et l'inférieur par deux trous, également
dentés, près de son sommet, sur les côtés de la fin de la
dorsale.

13° Dans quelques **Mimosacées,** où le carpel est seul,
sa déhiscence est bien remarquable. Ce Carpe est aplati
comme le fruit des *Séns.* Les deux bords qui portent les
graines restent unis l'un à l'autre, la dorsale occupe seule
l'autre bord du fruit. De cet encadrement oblong (un peu
à la manière des *Chélidrines*) se détachent deux valves,
lesquelles se rompent transversalement en plusieurs pièces assez uniformes.

14° Dans les **Papilionacées,** qui présentent aussi
pour fruit un seul carpel, celui-ci se rompt en travers
entre chaque graine qu'il contient (*Coronille, Desmodie*).

15° Dans les **Ombellacées,** les deux carpels collamellaires sont appliqués l'un en face de l'autre, les quatre
bords portegraines, unis principalement deux à deux, se
touchent. Ces deux carpels sont étroitement entourés par
le tube adhérant des sépales ; à la maturité, ces deux carpels se séparent du bord portegraines au sommet desquels
ils pendent, après avoir rompu en long les deux moitié du
tube commun.

J'ai peut-être donné trop de développement dans cette *Introduction à la Botanique* au carpel, mais le sujet me semble si important, que j'y reviendrai dans un ouvrage spécial sur la Carpologie. Les personnes que cette partie intéresserait particulièrement, trouveront quelques autres détails dans mes *Eléments de Botanique*, et surtout dans les descriptions contenues dans ma *Flore des Jardins* et dans celle du *Pharmacien*, du *Droguiste* et de l'*Herboriste*.

Mais revenons pour un instant en arrière.

Nous avons appuyé nos divisions des végétaux sur la présence de l'un des tissus primitifs ou la présence des deux, ce qui nous a donné des :

VÉGÉTAUX FIBRO-UTRICULÉS.
VÉGÉTAUX UTRICULÉS (1).

Le nombre, et surtout la position relative des cotyles, m'a paru un peu moins importante, et mes classes ont été désignées sous les noms de :

DICOTYLÉS.

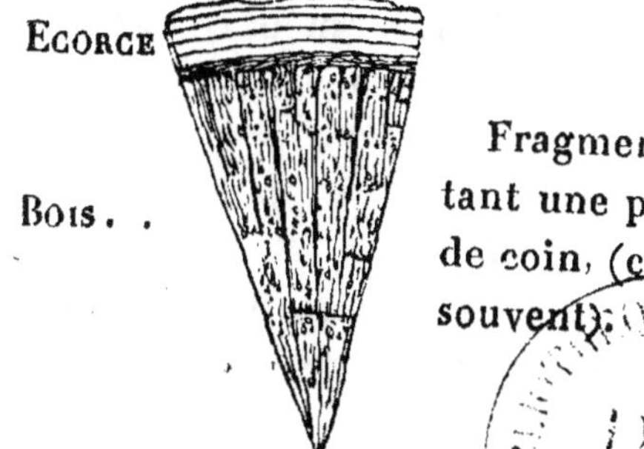

Fragment de tige DICOTYLÉ, présentant une portion de cercle en forme de coin, (comme les tiges se rompent souvent).

---

(1) J'aurais pu, vu leur simplicité constitutive, placer ceux-ci les premiers, mais ils offrent moins de facilité pour l'étude et surtout moins d'intérêt que les végétaux fibro-utriculés.

MONOCOTYLÉS.

Dispositions des fibres dans le *Palmier nain*, présentées en long :

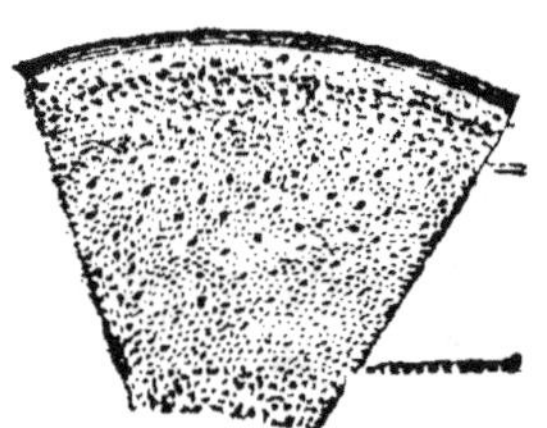

Dispositions transversales des utri-cules et des fibres ligneuses des Mo-nocotylés.

CRYPTOCOTYLÉS.

La collamellarité (carpels clos) ou l'ablamellarité (car-pels ouverts), m'a servi à établir mes sous-classes :

COLLAMELLAIRES.
ABLAMELLAIRES.

Les divers états des étamines, libres, unies, et diverse-ment adhérentes, ont servi à constituer les ordres :

FILETS LIBRES.
FILETS UNIS.
FILETS SÉPALES.
FILETS CARPO-SÉPALES.
FILETS PÉTALO-CARPO-SÉPALES.
FILETS PÉTALES.
FILETS CARPELS.

Après le mot FILET, il faut sous-entendre, *adhérents aux* :

Enfin , les modifications des pétales ont servi à former mes sous-ordres :

FLEURS PÉTALÉES.
FLEURS NON PÉTALÉES.
FLEURS RÉGULIÈRES.
FLEURS IRRÉGULIÈRES.

De cette manière, j'ai cru avoir saisi le décroissement de l'importance organique , et ici viennent se caser les familles. (On en trouvera le tableau dans la *Flore du Pharmacien,* etc.)

MATURATION.

Après avoir indiqué un certain nombre de modifications importantes du carpel , voyons les principaux changements qu'il subit en grandissant. Nous avons vu que cet organe est souvent de la nature de la feuille, que dans sa jeunesse il en remplit en partie les fonctions, soit pour l'évaporation, soit pour la décomposition ou l'absorption des gaz. Depuis la floraison jusqu'à l'état parfait des graines, il se développe en longueur et en largeur. Il assimile par ses tissus la sève qui lui arrive déjà en grande partie élaborée. Cet acte qui constitue proprement la maturation, offre quelque chose de semblable aux sécrétions , car la sève est à peu près la même pour tous les végétaux. Mais les divers éléments qui la composent, combinées de maintes manières par l'action vitale des organes, propres à chaque carpel, produisent des tissus très-variés d'apparences et de saveurs La chaleur et la lumière sont deux des grands agents de la maturation. La suppression d'anneaux d'écorce sur l'arbre, en faisant séjourner plus de sève dans les parties supérieures, l'active encore en subissant dans ces portions du végétal une élaboration plus prompte.

La nature des liquides qui parcourent les plantes sont très-variés, on y trouve de l'eau, de la gomme, du sucre, de l'acide malique, du malate de chaux, une matière végéto-animale, et des substances aromatiques propres, et parmi les parties solides du ligneux, du carbone, des sels minéraux etc. Ces divers principes varient beaucoup aux diverses époques de maturation ; l'acide malique va en augmentant dans les *Groseilles rouges*, et en diminuant dans les *Abricots* et les *Prunes*, dont le milieu sucré augmente. La gomme diminue dans les *Groseilles*, les *Prunes*, les *Cerises*, les *Poires*, elle augmente dans les *Abricots*. Quand les fruits sont charnus on peut les cueillir avant la parfaite maturité, car la sève, dont l'élaboration continue, dans les utricules, peut nourrir les graines, cependant le fruit n'est pas alors aussi savoureux.

La GRAINE (*Semen*).

En parcourant les diverses phases du végétal, nous avons vu que la nature tendait constamment à la formation de la graine. Nous avons vu que celle-ci ne pouvait naître sans fleuraison préalable et que par elle on obtenait la reproduction de l'espèce. Nous avons étudié sa conformation et sa métamorphose au moyen de la germination, nous avons commencé l'exposition des organes composant la plante par elle, nous y renvoyons le lecteur.

Racines avec leur chevelus très-hygroscopique.

Germination d'un grain de froment dont la base des racines est enveloppée d'une espèce de gaine membraneuse.

Nous avons ainsi parcouru le cercle continu que présente le végétal. Nous avons cru entrer dans assez de détail pour avoir fait naître le désir de puiser dans des ouvrages plus développés des connaissances moins restreintes que l'on trouvera dans mes *Eléments de Botanique* et dans les préliminaires de ma *Flore des Jardins*, et bien plus détaillés encore dans les ouvrages de De Candolle, Auguste St-Hilaire, Richard, etc., etc. Mais nous renvoyons aux travaux des grands maîtres de la science, pour acquérir des connaissances plus profondes, nous n'avons eu l'intention que de préparer la voie. Les parties de détails se trouveront dans les familles, les genres et les espèces de la *Flore du Pharmacien*, du *Droguiste* et de *l'Herboriste*.

ORGANES ACCESSOIRES DES VÉGÉTAUX.

Ce sont ceux que nous n'avons pas mentionnés dans l'énumération des parties de plantes, ou, le plus souvent, il en a été question sans donner sur eux des détails suffisants.

GLANDES (*Glandulae*).

On entend par glandes de petits organes utriculeux, de forme très-variée, qui naissent sur les divers parties aériennes ou dans leur propre tissu et qui sécrètent soit des huiles essentielles ou volatilles, des matières sucrées, acides, acqueux, etc. Ce sont celles qui dans les Labiacées, les Citracées, les Rosacées versent dans l'air des parfums plus ou moins suaves.

POILS (*Pili*).

On entend par **Poils** des prolongements utriculeux plus ou moins filiformes et ordinairement mous, qui se remarquent assez souvent sur les organes extérieurs des plantes et très-rarement à leur intérieur (*Nymphéacées*). Ils sont formés d'utricules plus ou moins allongées, placées bout à bout. On les observe sur la cuticule dans le voisinage des fibres principales des feuilles et sur les autres organes aériens. Ces organes ne paraissent plus fréquents sur les jeunes parties des plantes qu'à cause du peu de développement qu'elles ont acquis, car ils ne tombent ordinairement que tard. On les observe en plus grande quantité sur quelques plantes des pays chaux, que sur celles des pays froids et humides ; peut-être (dans les pays chauds), pour modérer l'action de la lumière sur les stomates et modérer l'évaporation. Ils servent probablement aussi à préserver les plantes de l'humidité, car les surfaces velues se mouillent rarement.

Les poils sont SIMPLES lorsqu'ils sont formés d'utricules bout à bout, sans ramification. — COMPOSÉS, lorsqu'ils se ramifient, ou autrement dit que d'autres poils naissent sur celui qui leur sert de base. — CAPILLACÉS, minces et flexibles comme des cheveux. — COTONNEUX, surface portant des poils minces, flexibles et entrelacés de manière à imiter du coton. — FLOCCONEUX, poils pelotonnés les uns entre les autres. — ARACHNOÏDES, imitant des toiles d'araignées (une espèce de *Joubarbe*). SCARIEUX, minces, unis et aplatis, comme en présentent quelques rameaux de fougères. — EN ALÈNE, coniques et rigides (*Bourache*). — GLANDULEUX, terminé par une glande (quelques *Rosiers*). — EN MASSUE, renflés progressivement jusqu'au sommet (*Fraxinelle*). — MUCRONÉ, surmonté d'un très-petite pointe mince. — BIFURQUÉ ou TRIFURQUÉ, présentant au sommet deux ou trois poils minces et allongées. — ETOILÉS ou FASCICULÉS, se ramifiant dès leur point de départ, ou plusieurs naissant du même point (*Malvacées*). — BULBEUX à leur base, par l'agglomération de plusieurs utricules. — PERFORÉ, lorsque leur base répond à une glande dont le poil est le canal excréteur (*Ortie*) — Charnus (ou *Corollins*), comme le sont ceux des pétales du *Ményanthe*.

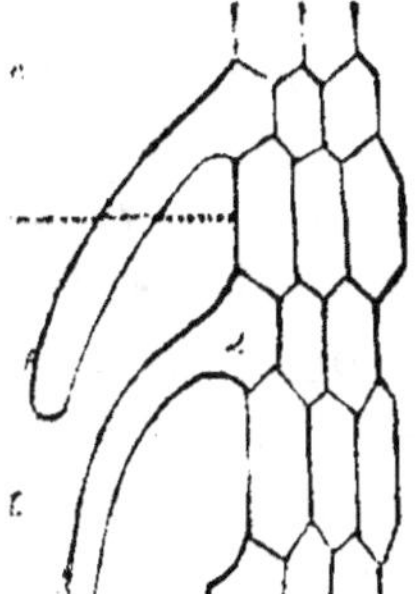

Poils, formés d'une seule utricule allongée, naissants du tissu utricule extérieur de l'écorce ou de la cuticule.

AIGUILLONS (*Aculei*).

Les **aiguillons** sont considérés, comme étant des poils fermes et agglomérés les uns aux autres. Ils paraissent naître moins superficiellement que les poils; mais dans tous les cas, ils ne tiennent qu'au tissu utriculeux de l'écorce. A une certaine époque de leur existence ils se détachent spontanément des utricules sous-jacentes, et laissent sur l'écorce une cicatrice qui conserve la forme de leur base; ils ne se trouvent que sur un petit nombre de plantes (les *Rosiers*, les *Ronces*, les *Aralies*, etc.). Ils varient un peu de forme dans quelques espèces, ils sont coniques sur le *Rosier pimprenelle*, les *Ronces*; comprimés sur le *Rosier des chiens*; comprimés et crochus sur le *R. rouillé*.

ÉPINES (*Spinae*).

Les **épines** se distinguent des aiguillons, en ce qu'elle font corps avec la partie qui les produit, au moyen de la prolongation des fibres de la partie qui les porte. Elles ne tombent jamais seules et ne peuvent jamais être détachées sans rupture. Presque tous les organes composés sont susceptibles de se terminer en épines. Sur les tiges et leurs ramifications, elles sont dues à l'avortement prédisposé et plus ou moins constant des bourgeons, ainsi nos *Poiriers,* nos *Néfliers* sauvages, sont épineux, mais transportés dans un terrain plus convenable à leur végétation, les nouveaux rameaux se terminent par des bourgeons qui donnent naissance à des branches non épineuses, et leurs épines, antérieurement existantes, ne produisant pas de nouveaux bourgeons, qui puissent augmenter leur longueur et leur volume, se décomposent et meurent. Les rameaux épineux du *Petit Houx* (*Ruscus aculeatus*) (que beaucoup de personnel prennent pour des feuilles parcequ'elles en ont la forme), restent constamment épineux, mais ils portent à l'aisselle de quelques-uns de ces rameaux-feuilles, des rameaux qui l'embranchent. Les *feuilles simples* présentent souvent leurs bords épineux, tels que les *Houx* (*Ilex aquifolium*), les *Chardons,* mais ces espèces de piquants sont dus à de simples prolongements fibreux. Dans le *Vinetier commun* (*Berberis vulgaris*), lorsque le rameau manque d'une nourriture suffisante, les feuilles sont réduites aux fibres principales, dont les utricules n'ont pu remplir les intervalles, de là, la formation des épines trifides que l'on trouve dans cette plante. Il en arrive de même à la *Grossulaire* (*Grossularia uva crispa*). Si dans le *Vinetier* on coupe la plante près de terre, le jet vigoureux qui se développe présente inférieurement de larges feuilles épaisses ; plus tard lorsque le rameau s'allonge, que la sève n'est plus assez abondante pour développer des feuilles avec assez de vigueur, il n'apparaît plus que leurs principales fibres. A leur aisselle naissent de faibles bourgeons qui n'ont la force de développer que quelques petites feuilles laminées. D'ailleurs presque tous les organes aériens sont susceptibles de se terminer en épine. En résumant ce qui a été dit sur les aiguillons et les épines, nous désignerons sous le premier de ces noms les corps raides et piquants qui ne sont que des prolongements utriculeux, et nous nommerons épines, ceux qui sont dus à la présence des fibres. Le mot *Piquants* ne doit s'appliquer que lorsqu'on ne désigne pas les organes élémentaires qui les forment.

SPIRES (ou *Vrilles*).

Ce sont des prolongements mous, filiformes, qui s'entortillent sur les corps voisins qu'elles rencontrent. Presque tous les organes composés de la plante peuvent se transformer en *spires*, même quelquefois les racines. Les grappes de la vigne en offre les exemples les plus connus, et ici on ne peut se méprendre sur l'organe transformé, car on voit souvent une partie de la grappe en fruit et le reste stérile et spiralé. Les tiges et les rameaux du *Houblon* (*Humulus Lupulus*), sont spiralés de gauche à droite, ceux de beaucoup de *Liserons* (*Convolvulus*), de droite à gauche. Les *spires* peuvent être roulées de manière à former un cylindre, ce sont celles que l'on a aussi nommé en *tire-bouchon*. D'autres organes se trouvent enroulés en spire plate, comme les rameaux feuilles des POLYPODIACÉES, les pédoncules des *Droséra*, etc., etc.

SUCOIRS.

On donne ce nom à des renflements utriculeux placés sur les rameaux du *Lierre* (*Hedera Helix*), des *Cuscutes*, au moyen desquels ces plantes se fixent sur les murs, sur d'autres plantes, et souvent en absorbent les sucs. Tout le monde connaît les ravages que la *Cuscute* produit sur le TRÈFLE et d'autres PAPILIONACÉES, elle s'étend circulairement et occupe quelquefois des prés artificiels presque entiers.

Outre les divers organes que nous avons énumérés et rapidement décrits dans les plantes, celles-ci présentent diverses substances qui sont de véritables sécrétions de leurs organes. Elles sont de la plus grande importance pour la vie des animaux, nous devons au moins les énumérer.

PRODUITS VÉGÉTAUX.

LIGNEUX.

Le **ligneux** est l'une des parties constituantes des végétaux, il est insoluble à chaud et à froid dans l'eau, l'alcool et l'éther, ainsi que dans les dissolutions très-étendues de potasse, d'ammoniaque, d'acide hydro-chlorique. C'est lui qui en se décomposant spontanément forme le TERREAU (*Humus, Ulmine, Geine*).

CHARBON.

Le **charbon** à l'état d'impureté, comme nous le voyons presque toujours, est insoluble dans tous les liquides qui ne lui cèdent pas d'oxygène. Il est inattaquable par le chlore, et lentement par l'eau régale (mélange d'acide azotique et hydrochlorique). Il n'éprouve aucune altération quand on le chauffe à l'abri de l'air. Il s'obtient par la combustion des végétaux et des animaux en vases clos, En contact avec la chaleur et l'air (ou du moins son oxygène), il se réduit en acide carbonique et en cendres.

Nous avons vu que le *Charbon* et les *Cendres* (résidu de sa combustion) ne sont point entrés dans les plantes sous la forme que nous leur connaissons, mais à un état complètement invisible, c'est-à-dire le premier en gaz acide carbonique qui est interposé dans l'eau, et les cendres à l'état de dissolution. Dans les animaux au contraire il a été introduit à l'état matériel dans les aliments végétaux et animaux.

Telle ténuité que nous supposions aux molécules du charbon, elles ne peuvent pénétrer ni entre les utricules des racines, ni par les stomates (pores). L'eau est donc essentiellement le liquide qui peut les y introduire (quoique cet acide en très-petites proportions dans l'air puisse s'introduire la nuit par ces stomates). Ce carbone est inaltérable comme toutes les substances inorganiques, il peut bien s'unir à d'autres corps, mais aussitôt que cette nouvelle combinaison cesse il reprend son état primitif.

Une autre vérité découle de ce qui vient d'être exposé, c'est que, pour que la quantité de charbon que l'on trouve dans un chêne centenaire puisse s'y être accumulée, ainsi que les matières terreuses, il faut que cet arbre ait eté traversé par une quantité prodigieuse d'eau. L'eau en excès, et cet excès est considérable, s'évapore en presque totalité par les stomates en raison de l'intensité de la lumière et de la chaleur. C'est par cette même voie que se verse l'oxygène produit de la décomposition de l'acide carbonique,

FÉCULE.

La **fécule** est l'un des produits les plus importants des végétaux pour la nourriture des animaux. Elle est plus lourde que l'eau dans laquelle elle est insoluble à froid. Dans l'eau chauffée à 60 degré centig. elle absorbe une grande quantité de ce liquide en formant une gelée plus ou moins épaisse et collante. Sa présence est signalée par sa coloration en bleu ou violet au moyen de l'iode. Elle se trouve dans presque toutes les parties des végétaux, telles que les racines (*Carottes*, *Navets*, *Pommes de terre*, *Beteraves*, *Topinambourg*), les tiges souterraines des *Bananiers*, des *Cannacées*, des *Ardacées*, etc. surtout dans les graines des céréales. Cette substance, indispensable à la vie animale, voyage dans les plantes suivant leurs divers phases. Avant l'époque de la fleuraison, les racines de beaucoup de plantes en étaient abondamment fournie, mais plus elles approchent de la maturité plus la sève la transporte des racines, des tiges, des feuilles aux graines, et alors nous trouvons ces organes secs et filamenteux, et ne pouvant plus être alimentaire. — Unie à d'assez grandes proportions de gluten elle forme les diverses pâtes dont notre pain, nos diverses pâtisseries sont formées. L'*Indigo*, obtenu des feuilles de l'Indigotier, plante essentiellement tinctoriale de la famille des *Papilionacées* est aussi une fécule; ainsi que le *Salep* retiré des racines des *Orchisacées*. Cette substance dans les céréales, dans l'*Orge* surtout, passe facilement à la fermentation sucrée et ensuite à l'alcoolique.

SUCRE.

Le **Sucre** est une matière souvent cristallisable, que tout le monde connaît et qui est répandue dans divers parties des plantes, mais souvent en trop petite quantité pour en être extraite avec avantage. Pour les chimistes il se caractérise surtout par [la propriété de se décomposer rapidement en alcool et en acide carbonique, en y ajoutant un ferment et en soumettant le tout à une température modérée. La matière sucrée se trouve surtout en une certaine abondance dans la *Canne à sucre*, le *Maïs*, les *Betteraves*, la *Carotte*, ainsi que dans les fruits à leur parfaite maturité (*Raisins*, *Abricots*, *Merises*, *Prunes*, etc., etc.

MUCILAGE.

Les **Mucilages** absorbent l'eau chaude en se gonflant, mais ils ne se dissolvent pas. Ils restent sur le papier quand on filtre la liqueur. Les *Malvacées*, les *Tiliacées* en contiennent dans tous leurs organes, ainsi que le derme (peau de graine) des graines de *Coing*, de *Lin*.

GOMME.

Les **gommes** sont en fragments de formes et couleurs très-variables. Elles se dissolvent dans l'eau en lui donnant une certaine viscosité. Elles ne cristallisent pas, ni ne se dissolvent dans l'alcool, l'éther, les essences. Voir les *Cassiacées* et les *Papilionacées*.

La gomme des **Amygdalacées** est en masses aglutinées, jaune ou rougeâtre, demi transparente, impure, plus dure que la gomme arabique. Elle est très-difficile à pulvériser. Elle présente parfois des morceaux mollasses ou visqueux. Elle se dissout incomplètement dans l'eau, en y formant un mucilage épais, et en se gonflant beaucoup. Elle découle de toutes les Amygdalacées, lorsque les arbres se portent mal ; on la retrouve aussi parfois sur leurs fruits.

RÉSINE.

Les **résines** sont légères comme tous les corps fortement hydrogénés, leur cassure est vitreuse. Elles se dissolvent dans l'alcool mais non dans l'eau, ni l'éther. Elles brûlent avec une flamme très-charboneuse dont les flocons se déposent sur les corps voisins. Quelques-unes sont employées en pharmacie, plusieurs d'entre elles entrent dans la composition de nos vernis. Elles forment, avec le charbon et quelques autres substances, les goudrons.

La **Sandaraque** nous vient de la Barbarie en lames rondes et allongées d'un jaune pâle, brillantes, rudes transparentes, se brisant sous les doigts, au lieu de s'y ramollir. Elle brûle avec une flamme claire, elle est presque complètement soluble dans l'alcool et beaucoup moins dans la térébenthine. Elle est retirée du *Thuya à Sandaraque* (*T. articulata* Desf.). Elle entre essentiellement dans la composition de nos vernis. On sait que sa poudre (blanche) étendue sur le papier non collé, ou dont on a enlevé la légère couche de colle animale, appliquée en le collant, on peut parvenir à en boucher les petits trous et à écrire par dessus, l'encre ne pouvant plus pénétrer.

La **Térébenthine** est le suc propre des *Coniféracées* (ou *Conifères*). Elle est d'une consistance épaisse, très-visqueuse, d'un aspect luisant, et d'une certaine transparence. Elle acquiert de la consistance en l'exposant à l'air libre. Chimiquement c'est un composé de résine et d'huile volatile, connue dans le commerce sous la dénomination d'*huile* ou d'*essence de térébenthine*.

La **Colophane** est produite par la distillation de la térébenthine, elle est vitreuse, friable, plus ou moins brune et se pulvérise facilement.

CAOUTCHOUC.

L'extrême flexibilité du Caoutchouc, et surtout son élasticité font distinguer au premier coup-d'œil cette substance. L'odeur qui s'en dégage pendant la combustion la fait aussi facilement reconnaître. Il est insoluble dans l'eau et dans l'alcool, comme les résines, se dissout un peu dans l'éther, mais surtout dans l'essence de térébenthine. Il se gonfle beaucoup dans l'huile de Naphte, sans s'y dissoudre sensiblement. On le retire de l'*Hévée de Guiane* (*Hevea guianensis*). Nos Euphorbiacées européennes, auxquelles il appartient, en contiennent aussi. Les Urticacées, les *Figuiers* en contiennent encore. Autrefois on n'employait cette matière que pour effacer les traces du crayon sur le papier, actuellement on en enduit les taffetas. On est parvenu à filer cette substance, on en fait des cordons d'une grande élasticité, on fabrique aussi des chaussons, des ceintures, des bretelles, des sondes de gomme élastique. Pour faire ces vernis de caoutchouc on fait longtemps macérer des lanières dans l'ammoniaque concentré ; puis on le délaye dans l'essence de térébentine, alors il forme une espèce d'émulsion qui sert à vernir.

GOMME-RÉSINE.

Les Gommes-résines sont, comme leur nom l'indique un mélange de gomme et de résine, dont elles ont les caractères respectifs. Ainsi elles se dissolvent en partie dans l'eau et en partie dans l'alcool. Voici quelques-unes des plus usuelles :

L'ENCENS est en larmes d'un jaune pâle, ou rougeâtre de forme ovale, oblongue, obtuse, du volume d'une fève ou d'un œuf de pigeon ; ordinairement lisse, fragile, demi transparent, et à fracture plane. Ce sont des *Térébinthacées* qui le fournissent (*Boswellie thurifère*, et *B. dentée*). C'est lui que nous vaporisons dans nos églises.

Le GALBANUM (*Bubon galbanum*) est produit par une *Ombellacées*. Il est en masses plastiques, agglutinées et mélangé avec des graines et des fragments de feuilles de la plante qui le produit. Il a un aspect gras, adhère aux mains. On y trouve des larmes blanches, claires, qui s'écrasent facilement.

La GOMME-RÉSINE-GUTTE (ou Gomme-Gutte) est produite par des *Guttiféracées*. Elle nous vient de Siam et de Ceylan. Elle est opaque, d'un gris jaunâtre, et comme pulvérulente en dehors, et d'un jaune safrané, orange ou rougeâtre à l'intérieur. Elle fournit à la peinture une belle couleur jaune. C'est un purgatif violent. Elle sert au lithographe pour contre épreuver les autographies sur la pierre.

HUILES.

Les **Huiles** sont plus répandues dans les végétaux que dans les animaux. L'*Arbre à suif* (*Croton sebiferum*) est presque le seul végétal connu qui fournisse une graisse végétale. La différence apparente de ces deux corps consiste au premier abord dans leur solidité ou leur fluidité. Les huiles sont liquides à la température à laquelle nous vivons le plus ordinairement. Les graisses sont solides à cette même température. Ces corps sont insolubles à l'eau, mais solubles à la chaleur dans l'alcool surtout chaud, les acides et bien mieux les alcalis les rendent solubles en les saponifiant. Elles contiennent de grandes proportions d'hydrogène et plus ou moins de carbone. Aussi dans de certaines proportions on a des huiles qui produisent une belle clarté, surtout lorsque tout leur carbone peut être détruit complètement par un courant d'air rapide. Elles se trouvent plus particulièrement dans les graines, rarement dans les carpels (olives).

On nomme **Glauque** (ou cire végétale) l'exsudation cireuse qu'on remarque sur plusieurs organes aériens des plantes (*Ricin, Raisin, Prunes, tige des céréales, OEillets.*) C'est une espèce d'huile concrète qui, à la température ordinaire, est solide. On l'obtenait en abondance de dessus les fruits du *Cirier de la Louisiane* (*Myrica cerifera*) on l'en séparait au moyen de l'immersion dans l'eau chaude. Une matière extractive verte s'en séparait en même temps et la colorait. On la blanchissait ensuite par des moyens chimiques et on l'employait à la confection des bougies, avant qu'on eut séparé la stéarine des graisses pour fabriquer nos nouvelles bougies.

TABLEAU DES ORGANES DU VÉGÉTAL. (1)

ORGANES SIMPLES.

Utricules ou cellules. (= Tissu utriculaire ou cellulaire des auteurs).
Les végétaux formés de cet organe seul sont dits **utriculés** (*Mousses, Champignons*).
Fibrilles ET FIBRES, (vaisseaux),
(Sont toujours jointes aux utricules et les plantes sont dites **fibro-utriculées**).

ORGANES COMPOSÉS.

Graine.
Bourgeon par fleuraison préalable.

Derme, { Exoderme, Mésoderme, Endoderme, Hile et micropile, } La graine tient au carpe par un funicule plus ou moins long.

Embryon { Racine, Tige, Cotyles, Albumen (souvent). }

Racine.
Axe descendant de la plante
Corps. Collet. Ramifications.

Tige.
Axe ascendant de la plante.

Branches.
Bourgeons (sans fleuraison préalable), { A feuilles ou à fleurs. A fleurs et à feuilles. }

Ecorce. { Cuticule et épiderme, lenticelles. Enveloppe utriculaire. Utricules et fibres (= Liber.). }

Bois. { Canal médullaire, moëlle, Couches ligneuses, Rayons médullaires } dans **Dicotylés**.

Feuille.
Pétiole, lame, lamelles, fibration, stipules, stipelles.
Stomates (sur face inférieure).

Fleur.

Bractées et bractéoles.
Pédoncule et pédicelle.

Sépales. { Onglet, Lame et lamelles, Appendice (quelquefois), } libres, unis ou adhérents ; (unis et alors tube et lames).

Pétales. { Onglet, Lame, Appendice, } libres, unis et alors tube et lames ou adhérents.

Etamines { Filet, Anthère et quelquefois appendice, Pollen. } libres, unies ou adhérentes.

Carpels. { Carpe, } libre et alors collamellaire. { Style, Stigmate, } unis et alors { ablamellaires. collamellaire. }

Inflorescence. Fleur solitaire, ou grappe simple ou composée, ou bien cime.

Fruit,
Parties persistantes de la fleur et essentiellement le carpe.

Un seul carpel, libre d'union et d'adhérence (*Pois, Froment*).
Plusieurs carpels libres (*Ancolie*).
Plusieurs carpels unis (*Tulipe*, collamellaire, *Violette* ablamellaire).
Carpels unis et adhérents (**Campanulacées**).
Capitel = Plusieurs carpels, appartenant à la même fleur, qu'ils soient libres, unis ou adhérents.

Graine,
à embryon.

droit, courbé,
enveloppé par l'albumen ou enveloppant l'albumen.
Cotyle (ou Cotylédons), un ou plusieurs.
— libres ou rarement unis.

Racine au hile.
— à l'extrémité opposée au hile.
Sommet des cotyles et de la racine au hile.

ORGANES
accessoires.
{ Poils, aiguillons, épines. Spires, suçoirs. }

(1) Chercher les divers mots de ce tableau à la table alphabétique qui suit.